科学计算与系统建模平台 MWORKS 架构图

信息物理系统建模仿真通用平台 (Syslab+Sysplorer)

各装备行业数字化工程支撑平台 (Sysbuilder+Sysplorer+Syslink)

开放、标准、先进的计算仿真云平台 (MoHub)

Toolbox 工具箱

- **AI与数据科学**：统计、机器学习、深度学习、强化学习
- **信号处理与通信**：基础信号处理、DSP、基础通信、小波
- **控制系统**：控制系统设计工具、基于模型的控制器设计、系统辨识、鲁棒控制
- **设计优化**：模型试验、敏感度分析、参数估计、响应优化与置信度评估
- **机械多体**：多体导入工具、3D视景工具
- **代码生成**：实时代码生成、嵌入式代码生成、定点设计、响应优化与置信度计算器
- **模型集成与联合仿真**：CAE模型降阶工具箱、分布式联合仿真工具箱
- **接口工具**：FMI导入导出、SysML转Modelica、MATLAB语言兼容导入、Simulink兼容导入

基于标准的函数+模型+API拓展系统

Sysbuilder 系统架构设计环境
- 需求导入
- 架构建模
- 逻辑仿真
- 分析评估

Syslab 科学计算环境
- 编程
- 数学
- 图形
- Julia 科学计算语言

Functions 函数库
- 曲线拟合
- 符号数学
- 优化与全局优化

Sysplorer 系统建模仿真环境
- 物理建模
- 框图建模
- 状态图建模
- Modelica 系统建模语言
- 工作空间共享
- 并行计算

Models 模型库
- **标准库**：机、电、液、控、热
- **同元专业库**：液压、传动、机电…
- **同元行业库**：车辆、能源…

Syslink 协同设计仿真环境
- 多人协同建模
- 模型技术状态管理
- 云端建模仿真
- 安全保密管理

工业知识模型互联平台 MoHub

科教版平台（SE-MWORKS）总体情况

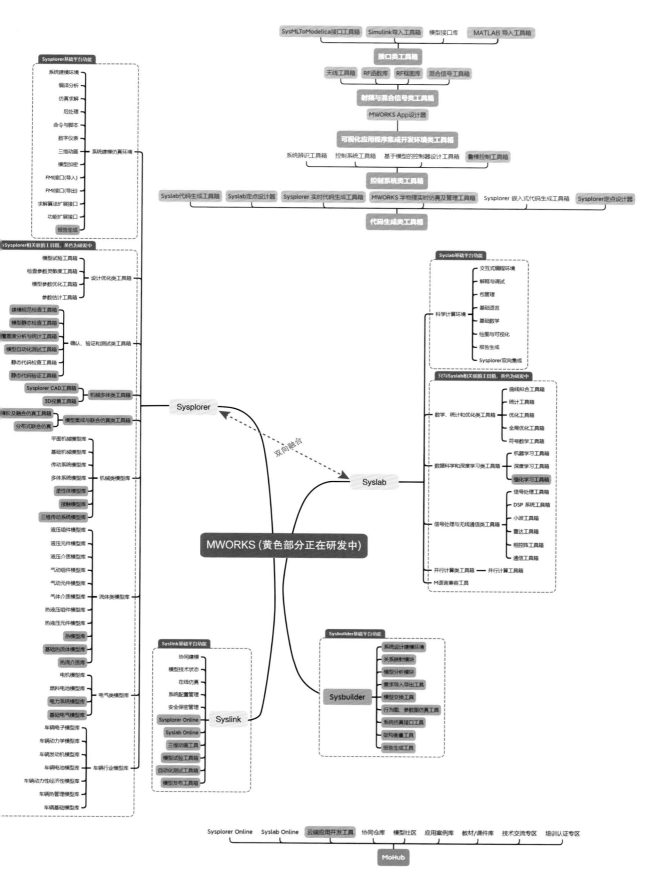

MWORKS 2023b 功能概览思维导图

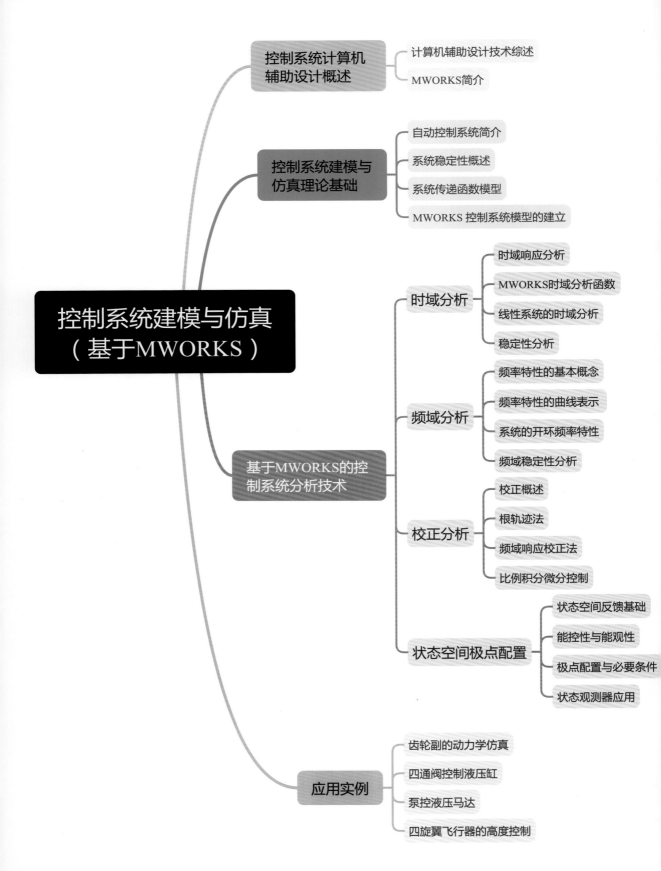

控制系统计算机
辅助设计概述
- 计算机辅助设计技术综述
- MWORKS简介

控制系统建模与
仿真理论基础
- 自动控制系统简介
- 系统稳定性概述
- 系统传递函数模型
- MWORKS 控制系统模型的建立

控制系统建模与仿真
（基于MWORKS）

基于MWORKS的控
制系统分析技术

时域分析
- 时域响应分析
- MWORKS时域分析函数
- 线性系统的时域分析
- 稳定性分析

频域分析
- 频率特性的基本概念
- 频率特性的曲线表示
- 系统的开环频率特性
- 频域稳定性分析

校正分析
- 校正概述
- 根轨迹法
- 频域响应校正法
- 比例积分微分控制

状态空间极点配置
- 状态空间反馈基础
- 能控性与能观性
- 极点配置与必要条件
- 状态观测器应用

应用实例
- 齿轮副的动力学仿真
- 四通阀控制液压缸
- 泵控液压马达
- 四旋翼飞行器的高度控制

本书知识图谱

新型工业化·科学计算与系统建模仿真系列

工信学术出版基金
Industry and Information Technology
Academic Publishing Fund

Modeling and Simulation of Control Systems Based on MWORKS

控制系统建模与仿真

（基于MWORKS）

编　　著◎张　超　王少萍　杜韶阳　徐远志

丛书主编◎王忠杰　周凡利　孔德宝

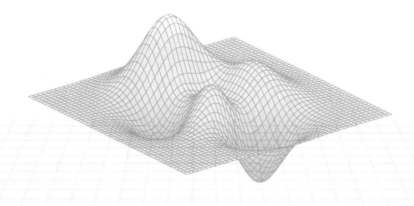

电子工业出版社

Publishing House of Electronics Industry

北京·BEIJING

内 容 简 介

本书是为希望深入了解和掌握控制系统计算机辅助设计与仿真技术的读者精心准备的。全书共七章，系统地介绍了控制系统的计算机辅助设计理论、方法以及基于 MWORKS 平台的具体应用技术，涵盖了从基础理论到高级分析方法，再到实际应用的全过程。

第 1 章为引言，介绍了计算机辅助设计技术在控制系统设计中的发展历史、现状及其重要性。第 2 章深入探讨了控制系统建模的基本理论和方法，以及如何利用仿真技术进行系统分析和设计，为后续章节的深入学习奠定理论基础。第 3~6 章详细介绍了利用 MWORKS 平台进行控制系统设计与分析的各个方面，包括时域分析、频域分析、系统校正以及状态空间极点配置等，每一章都配以丰富的实例，旨在帮助读者全面掌握基于 MWORKS 的控制系统设计与仿真技术。第 7 章展示了一系列精选的实际案例，通过具体的实践，将前六章介绍的理论知识和 MWORKS 平台的应用方法巧妙地结合起来，展现了MWORKS 在控制系统设计与仿真中的强大功能和灵活性。

本书面向的读者群体十分广泛，不仅适合于自动控制、电子工程、机械工程等相关专业本科生和研究生，也适合于在控制系统设计与仿真领域工作的工程师和技术人员。无论对希望从基础学起的初学者，还是对寻求深入理解和拓展应用的有经验的专业人士，本书都是一本不可多得的学习和参考资料。通过阅读本书，读者不仅能够掌握控制系统的基础理论和计算机辅助设计的方法，还能深入了解 MWORKS平台的强大功能，从而在实际工作中设计出更高效、更稳定的控制系统。

图书在版编目（CIP）数据

控制系统建模与仿真 ： 基于 MWORKS / 张超等编著.

北京：电子工业出版社，2024. 8. -- ISBN 978-7-121

-49304-1

Ⅰ．TP273

中国国家版本馆 CIP 数据核字第 2024TZ1406 号

责任编辑：秦淑灵

印　　刷：河北鑫兆源印刷有限公司

装　　订：河北鑫兆源印刷有限公司

出版发行：电子工业出版社

　　　　　北京市海淀区万寿路 173 信箱　　　邮编：100036

开　　本：787×1 092　1/16　　印张：13.75　　字数：352 千字　　彩插：2

版　　次：2024 年 8 月第 1 版

印　　次：2024 年 8 月第 1 次印刷

定　　价：69.00 元

凡所购买电子工业出版社图书有缺损问题，请向购买书店调换。若书店售缺，请与本社发行部联系，联系及邮购电话：(010) 88254888，88258888。

质量投诉请发邮件至 zlts@phei.com.cn，盗版侵权举报请发邮件至 dbqq@phei.com.cn。

本书咨询联系方式：luy@phei.com.cn。

编 委 会

李　伟（哈尔滨工程大学）

李冰洋（哈尔滨工程大学）

李　晋（哈尔滨工程大学）

李　雪（哈尔滨工业大学）

李　超（哈尔滨工程大学）

张永飞（北京航空航天大学）

张宝坤（苏州同元软控信息技术有限公司）

张　超（北京航空航天大学）

陈　娟（北京航空航天大学）

郑文祺（哈尔滨工程大学）

贺媛媛（北京理工大学）

聂兰顺（哈尔滨工业大学）

徐远志（北京航空航天大学）

崔智全（哈尔滨工业大学（威海））

惠立新（苏州同元软控信息技术有限公司）

舒燕君（哈尔滨工业大学）

鲍丙瑞（苏州同元软控信息技术有限公司）

蔡则苏（哈尔滨工业大学）

丛 书 序

2023 年 2 月 21 日，习近平总书记在中共中央政治局就加强基础研究进行第三次集体学习时强调："要打好科技仪器设备、操作系统和基础软件国产化攻坚战，鼓励科研机构、高校同企业开展联合攻关，提升国产化替代水平和应用规模，争取早日实现用我国自主的研究平台、仪器设备来解决重大基础研究问题。"科学计算与系统建模仿真平台是科学研究、教学实践和工程应用领域不可或缺的工业软件系统，是各学科领域基础研究和仿真验证的平台系统。实现科学计算与系统建模仿真平台软件的国产化是解决科学计算与工程仿真验证基础平台和生态软件"卡脖子"问题的重要抓手。

基于此，苏州同元软控信息技术有限公司作为国产工业软件的领先企业，以新一轮数字化技术变革和创新为发展契机，历经团队二十多年技术积累与公司十多年持续研发，全面掌握了新一代数字化核心技术"系统多领域统一建模与仿真技术"，结合新一代科学计算技术，研制了国际先进、完全自主的科学计算与系统建模仿真平台MWORKS。

MWORKS 是各行业装备数字化工程支撑平台，支持基于模型的需求分析、架构设计、仿真验证、虚拟试验、运行维护及全流程模型管理；通过多领域物理融合、信息与物理融合、系统与专业融合、体系与系统融合、机理与数据融合及虚实融合，支持数字化交付、全系统仿真验证及全流程模型贯通。MWORKS 提供了算法、模型、工具箱、App 等资源的扩展开发手段，支持专业工具箱及行业数字化工程平台的扩展开发。

MWORKS 是开放、标准、先进的计算仿真云平台。基于规范的开放架构提供了包括科学计算环境、系统建模仿真环境以及工具箱的云原生平台，面向教育、工业和开发者提供了开放、标准、先进的在线计算仿真云环境，支持构建基于国际开放规范的工业知识模型互联平台及开放社区。

MWORKS 是全面提供 MATLAB/Simulink 同类功能并力求创新的新一代科学计算与系统建模仿真平台；采用新一代高性能计算语言 Julia，提供科学计算环境 Syslab，支持基于 Julia 的集成开发调试并兼容 Python、C/C++、M 等语言；采用多领域物理统一建模规范 Modelica，全面自主开发了系统建模仿真环境 Sysplorer，支持框图、状态机、物理建模等多种开发范式，并且提供了丰富的数学、AI、图形、信号、通信、控制等工具箱，以及机械、电气、流体、热等物理模型库，实现从基础平台到工具箱的整体功能覆盖与创新发展。

为改变我国在科学计算与系统建模仿真教学和人才培养中相关支撑软件被国外"卡脖子"的局面，加速在人才培养中推广国产优秀科学计算和系统建模仿真软件

MWORKS，提供产业界急需的数字化教育与数字化人才，推动国产工业软件教育、应用和开发是必不可少的环节。进一步讲，我们要在数字化时代占领制高点，必须打造数字化时代的新一代信息物理融合的建模仿真平台，并且以平台为枢纽，连接产业界与教育界，形成一个完整生态。为此，哈尔滨工业大学、北京航空航天大学、北京理工大学、哈尔滨工程大学与苏州同元软控信息技术有限公司携手合作，2022 年 8 月 18 日在哈尔滨工业大学正式启动"新型工业化·科学计算与系统建模仿真系列"教材的编写工作，2023 年 3 月 11 日在扬州正式成立"新型工业化·科学计算与系统建模仿真系列"教材编委会。

首批共出版 10 本教材，包括 5 本基础型教材和 5 本行业应用型教材，其中基础型教材包括《科学计算语言 Julia 及 MWORKS 实践》《多领域物理统一建模语言与 MWORKS 实践》《MWORKS 开发平台架构及二次开发》《基于模型的系统工程（MBSE）及 MWORKS 实践》《MWORKS API 与工业应用开发》；行业应用型教材包括《控制系统建模与仿真（基于 MWORKS）》《通信系统建模与仿真（基于 MWORKS）》《飞行器制导控制系统建模与仿真（基于 MWORKS）》《智能汽车建模与仿真（基于 MWORKS）》《机器人控制系统建模与仿真（基于 MWORKS）》。

本系列教材可作为普通高等学校航空航天、自动化、电子信息工程、机械、电气工程、计算机科学与技术等专业的本科生及研究生教材，也适合作为从事装备制造业的科研人员和技术人员的参考用书。

感谢哈尔滨工业大学、北京航空航天大学、北京理工大学、哈尔滨工程大学的诸位教师对教材撰写工作做出的极大贡献，他们在教材大纲制定、教材内容编写、实验案例确定、资料整理与文字编排上注入了极大精力，促进了系列教材的顺利完成。

感谢苏州同元软控信息技术有限公司、中国商用飞机有限责任公司上海飞机设计研究院、上海航天控制技术研究所、中国第一汽车股份有限公司、工业和信息化部人才交流中心等单位在教材写作过程中提供的技术支持和无私帮助。

感谢电子工业出版社各位领导、编辑的大力支持，他们认真细致的工作保证了教材的质量。

书中难免有疏漏和不足之处，恳请读者批评指正！

编委会
2023 年 11 月

前　言

本书旨在为学习自动控制原理的学生和工程师提供一个全新的视角和实践平台。随着科技的迅猛发展，传统的控制系统设计已逐渐向数字化、智能化转型，而 MWORKS 正是这一转型的重要国产化工具。它基于国际知识统一表达与互联标准，充分体现了模型驱动系统工程的方法论，为用户提供了一个全面、灵活的系统设计与验证环境。

在本书中，我们将深入探讨如何将 MWORKS 平台应用于自动控制原理的学习与实践。通过这一平台，学生不仅可以更直观地理解控制系统的建模与仿真过程，还能在实践中提升自己的科学实验和工程实践能力。MWORKS 广泛应用于航空、航天、汽车、能源等多个行业，适用于机械、电子、控制等各个领域，为学生提供了丰富的案例和应用背景，使其在学习过程中能够更好地联系实际。

本书将结合自动控制原理的基础理论，提供一系列基于 MWORKS 的实验和项目设计实例，帮助学生掌握控制系统的建模、仿真及验证的核心技能。通过这些实验，学生将能够在真实的工程环境中应用所学知识，解决实际问题，培养其综合应用能力与创新能力。

我们相信，本书不仅是一本教材，更是学生探索控制系统设计与仿真领域的启蒙之书。希望本书能够激发学生的研究兴趣，培养他们在未来工程实践中的创新思维与能力。

本书由张超、王少萍、杜韶阳、徐远志编著，包云鹏、张馨元、艾庆、武文杰、凤一幸、王尚愚等参与了本书的编写，张超和王少萍负责本书的编写组织和大纲编制，杜韶阳参与了大纲编制，张超、杜韶阳完成了统稿和编辑。各章编写任务的具体分工如下：第 1 章，张超；第 2 章，张超、杜韶阳；第 3 章，艾庆、徐远志；第 4 章，包云鹏、王尚愚；第 5 章，武文杰、王少萍；第 6 章，张馨元、张超；第 7 章，杜韶阳、包云鹏。

在本书的编写过程中，周凡利博士（苏州同元软控信息技术有限公司）及鲍丙瑞、丁吉、惠立新等老师给予了大力支持，他们在设计课程教学案例、提供技术支持等方面给予了很多建设性意见，极大地促进了本书的完成，在此深表感谢。

本书在编写过程中得到了哈尔滨工业大学王忠杰教授、聂兰顺教授、曲明成副教授，北京理工大学许承东教授，北京航空航天大学张莉教授，哈尔滨工程大学冯光升教授，华中科技大学陈立平教授的无私帮助，他们给了许多建议和修改意见，在此表示衷心的感谢。

本书是"新型工业化·科学计算与系统建模仿真系列"教材之一，北京航空航天大学教务部在教学改革和课程建设方面给予了大力支持，电子工业出版社的编辑们对本书的出版给予了指导和审阅，在此一并表示感谢。

由于本书涉及的专业领域广泛，书中错误难免，殷切希望广大师生、专家学者、控制工程师提出批评和宝贵意见。

张超

2024 年 8 月

目　　录

第1章
控制系统计算机辅助设计概述

在当今技术快速发展的时代，控制系统的设计和分析已经成为工程科学和工业应用中的一个核心领域。随着计算机技术的飞速进步，计算机辅助设计技术已经成为研究人员和工程师们不可或缺的工具。本章将深入探讨计算机辅助技术的发展历程，以及这些技术是如何影响控制学科的，并专门介绍科学计算与系统建模仿真平台的中国方案——MWORKS 平台，MWORKS 支持从系统架构设计到科学计算、从系统建模仿真到协同建模与模型数据管理的全过程，为控制系统的计算机辅助设计提供一个全面、高效和灵活的解决方案。

通过本章学习，读者可以了解（或掌握）：
❖ 计算机辅助设计技术的全面概述；
❖ 计算机辅助设计技术在控制学科的应用；
❖ MWORKS 软件的界面和基本操作；
❖ 科学建模 Modelica 的基础知识；
❖ 科学计算 Julia 的基础知识。

1.1 计算机辅助设计技术综述 ///////////

随着自然科学的不断发展，人们对客观世界的认识不断深化，一方面人们要对构成复杂系统的单个个体进行内在的、微观的研究；另一方面还要对复杂系统进行宏观的研究，以便找到构成系统的单个个体之间的相互联系。随着计算机技术的发展，结合自然科学技术的进步，人们对客观物质世界的认识已经提升到一个新的高度，不仅能够研究系统微观原因，也能研究系统的宏观原因。

对客观世界的认识，一方面可以通过真实地接触事物，也就是通过物理试验的方法，去认识其本质和原因；另一方面，还可以利用已有的经验和知识，辅助一定的工具和必要条件，间接地认识事物。但是直接认识事物的方法的周期可能会很长，投入的人力、物力也比较大，有时候根本不可能实现，而且直接认识事物也需要现有的经验和知识，在现有的经验和知识的基础之上对事物进一步地认识。利用已经被证实正确性的经验和知识，以及事物所必须满足的一些必要条件，来推测事物其他方面的未知数据的方法，即间接地认识事物的方法，已经被证实是一个十分有效的方法。

在 20 世纪五六十年代，随着航空航天事业的发展，为获得飞行器的各种数据，需要做大量的昂贵的物理试验，这就促使人们想到用间接的方法计算飞行器的各种数据，对飞行器的各种性能进行研究。后来随着计算机技术的发展，人们可以在很短的时间内完成对大量数据的处理工作，从而将间接认识事物的方法推到了一个新的高度。

自动化科学作为一门学科，起源于 20 世纪初，其基础理论来自物理学等自然科学，与数学、系统科学、社会科学等基础科学，在现代科学技术的发展中起着重要的作用。在第 40 届 IEEE 决策与控制年会（CDC）全会开篇报告中，美国学者 John Doyle 教授引用国际著名学者、哈佛大学教授何毓琦（Yu-Chi Ho）的一个振奋人心的新观点："控制将是 21 世纪的物理学（Control will be the physics of the 21st century）"。自动化科学的进展是与控制理论的发展和完善分不开的。在控制理论发展初期，为控制系统设计控制器一般采用简单的试凑方法。随着控制理论的发展和计算机技术的进步，控制系统计算机辅助设计技术作为一门学科也发展起来了。

1.1.1 控制系统计算机辅助设计技术的发展

早期的控制系统设计可以由纸笔等工具很容易地计算出来，比如，Ziegler 与 Nichols 于 1942 年提出的 PID 经验公式图就可以十分容易地设计出来。随着控制理论的迅速发展，控制的效果要求越来越高，控制算法越来越复杂，控制器的设计也越来越困难，这样只利用纸笔及计算器等简单的运算工具难以达到预期的效果，加之计算机技术的迅速发展，于是很自然地出现了控制系统计算机辅助设计（Computer-Aided Control Systems Design，CACSD）技术。控制系统计算机辅助设计技术的发展目前已达到相当高的水平，并一直受到控制界的普遍重视。早在 1982 年 12 月和 1984 年 12 月，控制系统领域国际上最权威的 IEEE 控制系统学会（Control Systems Society，CSS）的控制系统杂志（Control Systems Magazine）和 IEEE 学会的科研报告集（Proceedings of IEEE）分别首次出版了关于 CACSD 的专刊，美国著名学者

Jamshidi 与 Herget 分别于 1985 年和 1992 年出版了两本著作来展示 CACSD 领域的最新进展。在国际自动控制联合会世界大会（IFAC World Congress）、美国控制会议（American Control Conference，ACC）及 IEEE 的决策与控制会议（Conference on Decision and Control，CDC）等各种国际控制界的重要学术会议上都有关于 CACSD 的专题会议及各种研讨会，可见该领域的发展是异常迅速的。控制系统计算机辅助设计又常称为计算机辅助控制系统工程（Computer-Aided Control Systems Engineering，CACSE）。

近三十年来，随着计算机技术的飞速发展，出现了很多优秀的计算机应用软件，在控制系统计算机辅助设计领域更是如此，各类 CACSD 软件频繁出现且种类繁多，有的是用 Fortran 语言编写的软件包，有的是人机交互式软件系统，还有专用的仿真语言，在国际控制界广泛使用的这类软件就有几十种之多。MATLAB 语言一经出现，就深受控制领域学生和研究者的欢迎，已经成为控制界最流行、最有影响力的通用计算机语言，成为控制界学者的首选。国内外在介绍控制系统计算机辅助设计的早期教材中，都采用通用的计算机语言（如 BASIC 语言、Fortran 语言或 C 语言）作为辅助的计算机语言。随着计算机语言的发展和日益普及，特别是代表科学运算领域最新成果的 MATLAB 语言的出现，在较新的著作中，很多都采用 MATLAB 作为主要程序设计语言来介绍控制系统计算机辅助设计的算法，在新型的自动控制理论教材中也有这样的趋势。以新型的计算机语言为主线介绍控制系统计算机辅助设计的理论与方法，可以使读者将主要精力集中在控制系统理论和方法上，而不是花费在没有太大价值的底层重复性、机械性劳动上，这样可以对控制系统计算机辅助设计技术有较好的整体了解，避免"只见树木，不见森林"的认识偏差，提高控制器设计的效率和可靠性。

从前面提及的软件包的局限性看，直接调用它们进行系统仿真有较大的困难，因为要掌握这些函数的接口是一件相当复杂的事，准确调用它们将更难；此外，有的软件包函数调用直接得出的结果可信度也不太高，因为软件包的质量和水平参差不齐。抛弃成形软件包另起炉灶自己编写程序也不太现实，毕竟在成形软件包中包含着很多同行专家的心血，有时自己从头编写程序很难达到这样的效果，所以必须采用经过验证且以信誉著称的高水平软件包或计算机语言来进行仿真研究。仿真技术引起该领域各国学者、专家们的重视，建立起国际仿真委员会（Simulation Councils Inc.，SCI），该委员会于 1967 年通过仿真语言规范。仿真语言 CSMP（Computer Simulation Modelling Program）应该属于建立在该标准上的最早的专用仿真语言。中科院沈阳自动化研究所马纪虎研究员等在 1988 年推出了该语言的推广版本——CSMP-C。20 世纪 80 年代初期，美国 Mitchell and Gauthier Associates 公司推出了符合该标准的著名连续系统仿真语言 ACSL（Advanced Continuous Simulation Language），该语言出现后，由于其功能较强大，并有一些系统分析的功能，很快就在仿真领域占据了主导地位。

与 ACSL 大致同时产生的还有瑞典 Lund 工学院 Karl Astrom 教授主持开发的 SIMNON 以及英国 Salford 大学的 ESL 等，这些语言的编程语句结构也是类似的，因为它们所依据的标准都是相同的。计算机代数系统是本领域又一个吸引人的主题，而解决数学问题解析计算又是 C 语言直接应用的难点，于是国际上很多学者在研究、开发高质量的计算机代数系统。早期 IBM 公司开发的 muMATH 和 REDUCE 等软件为解决这样的问题提出了新的思路。后来出现的 Maple 和 Mathematica 逐渐占领了计算机代数系统的市场，成为比较成功的实用工具。早期的 Mathematica 可以和 MATLAB 语言交互信息，例如通过一个称为 MathLink 的软件接口就可以很容易地完成这样的任务。

MATLAB 语言的首创者 Cleve Moler 教授在数值分析，特别是在数值线性代数的领域很有影响力。1980 年前后，时任新墨西哥大学计算机系主任的 Moler 教授在讲授线性代数课程时，发现用其他高级语言编程极为不便，便构思并开发了 MATLAB，这一软件利用了他参与研制、在国际上颇有影响力的 EISPACK（基于特征值计算的软件包）和 LINPACK（线性代数软件包）两大软件包中可靠的子程序，用 Fortran 语言编写了一套集命令翻译、科学计算于一体的交互式软件系统。交互式语言是指用户给出一条命令，立即就可以得出该命令的结果。该语言无须像 Fortran 语言那样，首先要求使用者去编写源程序，然后对之进行编译、连接，最终形成可执行文件。这无疑会给使用者带来极大的便利。在 MATLAB 下，矩阵的运算变得异常容易，所以它一出现就广受欢迎，这一系统逐渐发展、完善，逐步走向成熟，最终形成了今天的模样。早期 MATLAB 只能进行矩阵运算；绘图也只能用极其原始的方法，即用星号描点的形式画图；内部函数也只提供了几十个。但即使其当时的功能十分简单，它作为免费软件一出现，还是吸引了大批的使用者。Cleve Moler 和 Jack Little 等人于 1984 年成立了一个名为 The Math Works 的公司，Cleve Moler 任该公司的首席科学家。当时的 MATLAB 版本已经用 C 语言进行了完全的改写，其后又增添了丰富多彩的图形图像处理、多媒体、符号运算功能，而且实现了与其他流行软件的接口功能，这使得 MATLAB 的功能越来越强大。

MATLAB 最早的 PC 版又称为 PC-MATLAB，其工作站版本又称为 Pro MATLAB。1990 年推出的 MATLAB 3.5 版本是第一个可以运行于 Microsoft Windows 下的版本，它可以在两个窗口中分别显示命令行计算结果和图形结果。稍后推出的 Simulink 环境首次引入了基于框图的建模与仿真功能，其模型输入的方式令人耳目一新，该环境就是现在所知的 Simulink 的前身。The MathWorks 公司于 1992 年推出了具有划时代意义的 MATLAB 4.0 版本，并于 1993 年推出了其 PC 版，充分支持在 Microsoft Windows 下编程。1994 年推出的 MATLAB 4.2 版本扩充了 4.0 版本的功能，尤其在图形界面设计方面提供了新的方法。1996 年 12 月推出的 MATLAB 5.0 版本支持了更多的数据结构，如单元体、多维数组、对象与类等，MATLAB 成为一种更方便、完美的编程语言。1999 年年初推出的 MATLAB 5.3 版本在很多方面又进一步改进了 MATLAB 语言的功能，随之推出的全新版本的最优化工具箱和 Simulink 3.0 版本达到了很高的层次。2000 年 9 月，MATLAB 6.0 版本问世，在操作界面上有了很大改观，同时还给出了程序发布窗口、历史信息窗口和变量管理窗口等，为用户的使用提供了很大的便利；在计算内核上抛弃了其一直使用的 LINPACK 和 EISPACK，而采用了更具优势的 LAPACK 软件包和 FFTW 系统，速度变得更快，数值性能也更好；在用户图形界面设计上也更趋合理；与 C 语言接口及转换的兼容性也更强；与之配套的 Simulink 4.0 版本的新功能也特别引人注目。2004 年 6 月推出的 MATLAB 7.0 版本引入的多领域物理建模仿真策略为控制系统仿真技术提供了全新的仿真理念和平台。2012 年 9 月推出的 MATLAB 8.0 版本提供了全新的操作界面。另外，该版本还提供了更强大的工具、全新的 Simulink 编辑器与更强大的仿真功能。

目前，MATLAB 在国内外高校和研究部门正扮演着重要的角色，它除了传统的交互式编程，还提供丰富可靠的矩阵运算、图形绘制、数据处理、图像处理、方便的 Microsoft Windows 编程等便利工具。此外，控制界很多学者将自己擅长的 CAD 方法用 MATLAB 加以实现，出现了大量的 MATLAB 配套工具箱，如控制界最流行的控制系统工具箱（Control

System Toolbox）、系统辨识工具箱（System Identification Toolbox）、鲁棒控制工具箱（Robust Control Toolbox）、多变量频域设计工具箱（Multivariable Frequency Design Toolbox）、分析与综合工具箱（L-Analysis and Synthesis Toolbox）、神经网络工具箱（Neural Network Toolbox）、最优化工具箱（Optimization Toolbox）、信号处理工具箱（Signal Processing Toolbox）以及仿真环境（Simulink）。

中国苏州同元软控推出的同元软控采用开放的多领域物理建模规范 Modelica，历时 16 年倾力打造系统建模仿真环境 Sysplorer，拥有完全自主的世界级编译求解内核，并且扩展 Modelica 规范，在系统建模统一规范和框架下全面支持框图建模和状态机建模；选用了先进、开放的科学计算语言 Julia 作为科学计算环境基础，自主开发了系列编译器，全面支持 Python、C/C++、M 等多种语言，持续完善新一代科学计算环境 Syslab；同元软控基于 Sysplorer 和 Syslab，自主构建了系列工具箱、模型库及专业应用，并推出新一代科学计算与系统建模仿真平台 MWORKS，成为国际上第四个支持科学计算与系统建模仿真一体化的平台，为世界提供了科学计算与建模仿真平台的中国选项。

1.1.2　控制系统计算机辅助设计领域方法概述

在自动控制理论作为一门单独学科刚刚起步的时候，控制系统的设计是相当简单的，例如，可以用 Ziegler-Nichols 经验公式图、纸和笔等简单的工具来设计较实用的 PID 控制器，这种现象持续了很长时间。随着计算机技术的发展，特别是像 MATLAB 这样方便可行的 CACSD 工具的出现，控制系统的计算机辅助设计在理论上也有了引人瞩目的进展，人们已经不满足于用纸和笔这样的简单工具设计出来的控制器了，期望值越来越高。例如，人们往往期望获得某种意义下的"最优"控制效果，而这样的控制效果确实是原来依赖纸和笔这样的简单工具所实现不了的，而必须借助于计算机这样的高级工具，从而控制系统计算机辅助设计技术也就应运而生了。早期 CACSD 研究侧重于对控制系统的计算机辅助分析上，开始时人们利用计算机的强大功能把系统的频率响应曲线绘制出来，并根据频率响应曲线及自己的控制系统设计经验用试凑方法设计一个控制器，然后利用仿真的方法去观察设计的效果。比较成功的试凑方法有超前滞后校正方法等，当然，这样的方法更适合于单变量系统的设计。以 Rosenbrock 教授和 MacFarlane 教授为代表的英国学派采用的多变量频域设计方法就是这种设计风格的范例。以色列裔美国学者 Issac Horowitz 教授在频域设计方法中独辟蹊径，创立了比较完善的设计方法——定量反馈理论（Quantitative Feedback Theory，QFT），在反馈的效果上大做文章。在频域设计领域发展过程中，这些学者往往依赖于他们自己编写的 CACSD 工具来进行研究，并开发了很多值得提及的软件（如 CLADP）；后来，随着 MATLAB 的发展，也出现了各种各样的 MATLAB 工具箱，如 Jan Maciejowski 等学者开发的多变量系统频域设计工具箱，以及美国学者 Craig Borghesani 和 Yossi Chait 等开发的 QFT 设计工具箱等。除了经典的多变量频域方法，还出现了一些基于最优化技术的控制方法，其中比较著名的是英国学者 John Edmunds 提出的多变量参数最优化控制方法和英国学者 Zakian 提出的不等式控制方法（methods inequalities）等，这些方法都是行之有效的实用设计方法。与此同时，美国学者似乎更倾向于状态空间的表示与设计方法（往往又称为时域方法，time-domain），首先在线性二次型指标下引入了最优控制的概念，并在用户的干预下（如人工选择加权矩阵）得出某种最优控制的效果，这样的控制又往往需要引入状态反馈或状态观测器等新的控制概念。此后为了考虑随机扰动的情况，引入了 LQG 最优控制的设计方法，后来针对 LQG 控制固有的弊病提出了回路传输恢复（Loop Transfer Recovery，LTR）等新技术，但直到这类状态空间方法找到合适的频域解释之后才开始应用。此外，在状态空间的设计方法中比较成型的方法有极点配置方法、多变量系统解耦控制设计方法等，这些状态空间方法在计算方法和理论证明上取得了很多成果。

从控制系统的鲁棒性（robustness）角度也出现了各种各样的控制方法。首先由美国学者 Zames 提出的最小灵敏度控制策略引起了各国研究者的瞩目，并对之加以改进，出现了各种 H∞最优控制的方案。H∞是物理可实现的稳定系统集合的一种数学描述（因满足 Hardy 空间而得名），H 控制的一个关键问题是 Youla 参数化方法，该方法可以给出所有满足要求的控制器的通式。H 的解法也是多种多样的，首先人们考虑通过 Youla 参数化方法构造出全部镇定控制器，并将原始问题转化成模型匹配（如 Hankel 近似）的一般问题，然后再对该问题求解，多采用状态空间的解法，因为这样的解法更直观、容易，也更简洁。后来随着控制器的阶次越来越高，还出现了很多控制器降阶方法来实现设计出的控制器。线性矩阵不等式（Linear Matrix Inequalities，LMI）以及分析与综合等控制系统设计方法也在控制界有较大的影响力，而这些方法不通过计算机这样的现代化工具是不可能完成的。瑞典学者 Karl Astrom 教授的研究更加契合于过程控制的实际应用，在他的研究成果中经常可以发现独创性的内容，例如，他和合作者对传统的，也是工业中应用最广泛的 PID 控制器进行了改进，提出了自整定 PID 控制器的思想，使得原来需要离线调节的 PID 控制器参数能够很容易地在线自动调节，并在研究中取得了丰硕的成果，还推出了自整定 PID 控制器的硬件产品。在自整定 PID 控制器领域也有很多比较显著的进展，这类研究的基本思想是使得复杂问题简单化，并易于实际应用。分数阶控制是近年蓬勃发展起来的较新的研究方向，该领域也出现了很多新的研究成果，是控制理论的一个较新的研究领域。

MWORKS 平台具备多专业物理域模型融合、信息域与物理域模型融合、系统模型与专业模型融合、机理模型与数据模型融合、数字模型与实物融合等特点，全面支撑装备系统研制模式变革、产品智能升级和数智资产重构，彻底颠覆了信息化时代的传统控制系统研发模式。MWORKS 平台在控制系统计算机辅助设计领域已经进入国际前列，在标准支持、内核性能以及功能完整上可以媲美国际同类软件，以面向机、电、热、控等物理域系统建模和仿真为主，发展到融合系统架构设计、科学计算、系统建模仿真、云端协同建模等多个核心软件及系列算法库。从空间站到国产大飞机，从工程车辆到船舶舰艇，大量的行业应用验证证明，MWORKS 能够为各行业装备数字化研制实现覆盖战略筹划、装备论证、设计验证、试验验证、运维保障等全生命周期的全方面赋能。

1.2 MWORKS简介

MWORKS 是新一代科学计算与系统建模仿真平台，其目标是全面替代 MATLAB/Simulink。MWORKS 提供了算法、模型、工具箱、App 等规范的扩展开发手段，支持专业工具箱以及行业数字化工程平台的扩展开发。

MWORKS 由四大系统级产品及系统扩展工具箱和模型库组成，如图 1-1 所示。

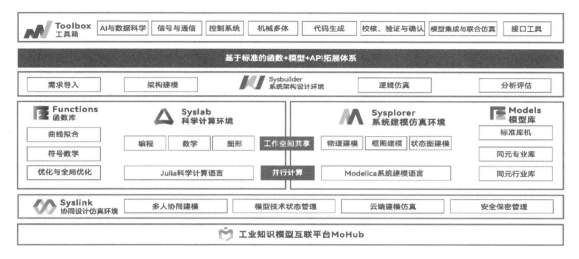

图 1-1　MWORKS 产品体系

（1）系统架构设计环境 MWORKS.Sysbuilder

MWORKS.Sysbuilder 是面向复杂工程系统的系统架构设计软件，以用户需求为输入，按照自顶向下的系统研制流程，以图形化、结构化、面向对象方式覆盖系统的需求建模、功能分析、架构设计、验证评估过程，通过与 MWORKS.Sysplorer 的紧密集成，支持用户在系统设计的早期开展方案论证，并实现基于模型的多领域系统综合分析和验证。

（2）科学计算环境 MWORKS.Syslab

MWORKS.Syslab 是面向科学计算全新推出的新一代科学计算环境，基于科学计算高性能动态高级程序设计语言（Julia）提供交互式编程环境，提供科学计算编程、编译、调试和绘图功能，内置支持矩阵等数学运算、符号计算、信号处理、通信工具箱，支持用户开展科学计算、数据分析、算法设计，并进一步支持信息物理融合系统的设计、建模与仿真分析。

（3）系统建模仿真环境 MWORKS.Sysplorer

MWORKS.Sysplorer 是大回路闭环及数字孪生的支撑平台，面向多领域工业产品的系统级综合设计与仿真验证平台，完全支持多领域统一建模规范 Modelica，遵循现实中拓扑结构的层次化建模方式，支撑 MBSE 应用，提供方便易用的系统仿真建模、完备的编译分析、强大的仿真求解、实用的后处理功能以及丰富的扩展接口，支持用户开展产品多领域模型开发、虚拟集成、多层级方案仿真验证、方案分析优化，并进一步为产品数字孪生模型的构建与应用提供关键支撑。

（4）协同建模与模型数据管理环境 MWORKS.Syslink

MWORKS.Syslink 是面向协同设计与模型管理的基础平台，是 MBSE 环境中的模型、数据及相关工件协同管理解决方案，将传统面向文件的协同转变为面向模型的协同，为工程师屏蔽了通用版本管理工具的复杂配置和操作，提供了协同建模、模型管理、在线仿真和数据安全管理功能，为系统研制提供基于模型的协同环境。打破单位与地域障碍，支持团队用户开展协同建模和产品模型的技术状态控制，开展跨层级的协同仿真，为各行业的数字化转型全面赋能。

1.2.1 MWORKS.Sysplorer

MWORKS.Sysplorer 作为多领域工程系统研发软件，能够使不同领域的用户在统一的开发环境中对复杂工程系统进行多领域协同开发、试验和分析，支持物理建模、框图建模和状态机建模等多种建模方式，提供嵌入代码生成功能，支持设计仿真和实现的一体化，其用户界面如图 1-2 所示。

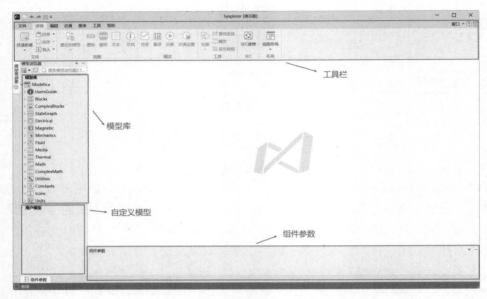

图 1-2　MWORKS.Sysplorer 用户界面

MWORKS.Sysplorer 内置机械、液压、气动、燃料电池、电机等工业级高品质模型库，支持用户扩展个人模型库，支持工业设计知识的模型化表达和模块化封装，以知识可重用、系统可重构方式，为工业企业的知识积累与产品创新设计提供了有效的技术支撑，对及早发现产品设计缺陷、快速验证设计方案、全面优化产品性能、有效减少物理验证次数等具有重要价值。同时也可以为数字孪生、基于模型的系统工程以及数字工程等应用提供全面的技术支撑。

接下来简单介绍一下 MWORKS.Sysplorer 的特点。

1）产品介绍

（1）支持物理系统建模

① 支持多领域统一建模；

② 支持面向对象的物理建模；

③ 支持图形和文本混合式建模；

④ 内置液压、机械、电机、气动、燃料电池等工业级高品质模型库。

（2）支持大规模复杂系统高效仿真求解

① 提供高性能的编译与求解内核；

② 提供内置变步长和定步长的多种求解算法，适应不同应用场景，并支持用户扩展。

（3）提供丰富易用的可视化后处理环境

① 支持查看任意变量结果曲线，提供丰富的曲线交互功能；

② 支持模型 2D 与 3D 动画，直观查看仿真过程；

③ 支持以仿真实时推进、数据回放两种模式查看仿真过程；

④ 支持 CSV、MAT 等格式数据的导入/导出。

（4）提供开放的软件集成与平台扩展接口

① 支持 FMI 标准，提供模型交换与联合仿真两种形式的导入/导出，能够与支持 FMI 的其他系统进行联合仿真；

② 支持 C/C++、Fortran、Python 等外部语言集成；

③ 提供 SDK，支持将外部应用以插件形式集成到 MWORKS.Sysplorer 中，插件可以调用建模、仿真和后处理等功能，进行界面定制与功能扩展。

2）应用场景

（1）多领域系统建模

支持开发多学科特性统一表达的复杂产品系统模型，开展基于模型的设计方案仿真验证，对产品的功能/性能指标的符合性、产品各组成部分之间工作的协调与匹配性进行量化评估，建立方案评估结果与设计需求的闭环，并驱动设计方案的迭代优化。

（2）信息物理系统（CPS）一体化仿真

针对信息域、物理域融合的场景，例如，分析雷达模型中的热和电子的耦合时需考虑散热系统故障下的效能耦合影响，可使用 MWORKS.Sysplorer 与 MWORKS.Syslab 融合方案，实现信息物理系统的仿真，对复杂系统进行分析和优化，从而提高系统的性能和可靠性，减少成本和风险。

（3）基于模型的系统工程（MBSE）

在基于模型的系统工程中，用户可使用 MWORKS.Sysplorer 工具集成基于模型的设计方案，完成由设计模型到仿真模型的构建，系统模型的仿真验证，以及模型的校核、验证、确认等应用场景。

（4）数字孪生

构建机理数据融合模型需要一个多领域统一表达的系统模型作为基础。这个系统模型可以将不同领域的数据和信息进行归纳、分类和标准化，从而实现统一表达。在此基础上，可以采用虚实结合的方法，形成数字孪生模型。用户可以利用数字孪生模型来提高系统的效率、降低成本和风险，并为未来的创新提供有力支持。

（5）数字工程

用户在产品研制之后，在实体交付的同时，可以利用 MWORKS.Sysplorer 开发、交付数字化模型，并利用其开展数字化运用、鉴定、运维。数字化模型可作为数字化装备资产持续维护，为实际装备的运行维护提供参考。

1.2.2 Modelica 简介

MWORKS.Sysplorer 采用 Modelica 作为建模语言，本节对 Modelica 进行简单介绍。

Modelica 属于物理建模语言，第一个面向对象的物理建模语言是 1978 年瑞典的 Elmqvist 设计的 Dymola。Dymola 深受第一个面向对象语言 Simula 的影响，引入了"类"的概念，并针对物理系统的特殊性进行了"方程"的扩展。Dymola 采用符号公式操作和图论相结合的方法，将 DAE（微分代数方程，Differential Algebra Equation）问题转化为 ODE（常微分方程，Ordinary Differential Equation）问题，通过求解 ODE 问题实现系统仿真。到 20 世纪 90 年代，随着计算机技术与工程技术的发展，涌现了一系列面向对象和基于方程的物理建模语言，如 ASCEND、Omola、gPROMS、ObjectMath、Smile、NMF、U.L.M.、SIDOPS+等。上述众多建模语言各有优缺点，互不兼容。为此，欧洲仿真界于 1996 年组织了来自瑞典、德国、法国等 6 个国家的建模与仿真专业的 14 位专家，致力于物理系统建模语言的标准化工作，并开始针对多专业物理建模的下一代技术展开研究，提出通过国际开放合作，在归纳和统一先前多种面向对象、基于方程的数学建模语言的基础上，借鉴当时最先进的面向对象程序语言 Java 的部分语法要素，于 1997 年设计了一种开放的全新多领域统一建模语言——Modelica。

Modelica 继承了先前多种建模语言的优秀特性，支持面向对象建模、非因果陈述式建模、多领域统一建模及连续-离散混合建模，以微分方程、代数方程和离散方程为数学表示形式。Modelica 从原理上统一了之前的各种多领域统一建模机制，直接支持基于框图的建模、基于函数的建模、面向对象和面向组件的建模，通过基于端口与连接的广义基尔霍夫网络机制支持多领域统一建模，并且以库的形式支持键合图和 Petri 网表示。Modelica 还提供了强大的、开放的标准领域模型库，覆盖机械、电子、控制、电磁、流体、热等领域。

作为"工程师的语言"，基于方程的陈述式建模语言 Modelica 的一个显著优点就是让使用者可以只专注于如何陈述问题（What），而无须考虑错综复杂的仿真求解的实现过程（How），因此可大大降低建模计算的技术门槛，使得建模仿真成为广大设计师的桌面工具和设计活动的基本手段。

Modelica 作为一种开放的、面向对象的、以方程为基础的语言，适用于大规模复杂异构物理系统建模，包括机械、电子、电力、液压、热流、控制及面向过程的子系统模型。Modelica 模型的数学描述是微分、代数和离散方程（组）。它具备通用性、标准化及开放性的特点，采用面向对象技术进行模型描述，实现了模型可重用、可重构、可扩展的先进构架体系。Modelica 的技术特点如下。

1. 面向对象

Modelica 以类为中心组织和封装数据，强调陈述式描述和模型的重用，通过面向对象的方法定义组件与接口，并支持采用分层机制、组件连接机制和继承机制构建模型。Modelica 模型实质上是一种陈述式的数学描述，这种陈述式的面向对象方式相比于一般的面向对象程序设计语言更加抽象，因为它可以省略许多实现细节，例如，不需要编写代码实现组件之间的数据传输。如图 1-3 所示的简单电路的 Modelica 模型详细描述如下。

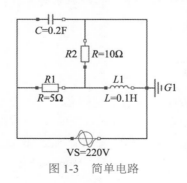

图 1-3　简单电路

```
model Circuit "电路"
    Modelica.Electrical.Analog.Sources.SineVoltage VS(V = 220);
    Modelica.Electrical.Analog.Basic.Resistor R1(R = 5);
    Modelica.Electrical.Analog.Basic.Resistor R2(R = 10);
    Modelica.Electrical.Analog.Basic.Capacitor C1(C = 0.2);
    Modelica.Electrical.Analog.Basic.Inductor La(L = 0.1);
    Modelica.Electrical.Analog.Basic.Ground G1;
equation
    connect(R1.p, VS.p);
    connect(VS.n, G1.p);
    connect(La.n, G1.p);
    connect(R1.n, La.p);
    connect(C1.n, G1.p);
    connect(R1.n, R2.p);
    connect(R2.n, C1.p);
end Circuit;
```

上述电路模型很好地体现了 Modelica 的面向对象建模思想的三种模型组织方式。其中，层次化建模方式体现为：将系统层模型和组件层模型分开描述，上述模型代码只给出了系统层模型的描述代码。系统模型 Circuit 中的连接语句，例如 connect（R1.p,VS.p），体现了组件连接形式的模型组织方式。从电路模型的电容组件模型 Capacitor 的描述代码中可知，Capacitor 从基类 TwoPin 派生而来，这体现了继承方式的模型组织方式。

2. 基于方程

Modelica 可通过微分代数方程的形式来描述组件本构关系，仍以电容组件为例，电容方程直接以数学形式将其描述于组件内部。

```
model TwoPin
    Modelica.Units.SI.Voltage v;
    Modelica.Units.SI.Current i;
    Modelica.Electrical.Analog.Interfaces.PositivePin p;
    Modelica.Electrical.Analog.Interfaces.NegativePin n;
equation
    v = p.v - n.v;
    0 = p.i + n.i;
    i = p.i;
end TwoPin;

model Capacitor "理想电容"
    extends TwoPin;
    parameter Modelica.Units.SI.Capacitance C(start = 1);
equation
    i = C * der(v);
end Capacitor;
```

众所周知，方程具有陈述式非因果特性。由于声明方程时没有限定方程的求解方向，因而方程具有比赋值语句更大的灵活性和更强的功能。方程可以依据数据环境的需要用于求解不同的变量，这一特性大大提升了 Modelica 模型的重用性。方程的求解方向最终由数值求解器根据方程系统的数据流环境自动确定。这意味着用户不必在建模时将自然形式的方程转化为因果赋值形式，这极大地减轻了建模工作量，尤其是对复杂系统建模而言，同时也可以避免因公式的转化推导而引起的错误。

3. 基于连接

Modelica 语言提供了功能强大的软件组件模型，其具有与硬件组件系统同等的灵活性和重用性。基于方程的 Modelica 类是模型得以提高重用性的关键。组件/子系统通过连接机制建立外部约束并进行数据交互，其连接示意图如图 1-4 所示。

图 1-4　组件/子系统连接示意图

在 Modelica 中，组件的接口称为连接器，建立在组件连接器上的耦合关系称为连接。如果连接表达的是因果耦合关系（具有方向性），则称其为因果连接；如果连接表达的是非因果耦合关系（无方向性），则称其为非因果连接。

Modelica 通过接口连接机制来描述组件间/子系统间的耦合关系，并基于广义基尔霍夫定律自动生成对应的方程约束。例如，前述的 connect(R1.p,VS.p)表示电阻一端与电源正极相连，等价为如下方程约束：

```
R1.p.i + VS.p.i = 0;
R1.p.v = VS.p.v;
```

4. 连续离散混合

Modelica 通过条件表达式/条件子句与 when 子句两种语法结构，以及 sample()、pre()、change()等内置事件函数支持离散系统建模。条件表达式/条件子句用于描述不连续性和条件模型，支持模型分段连续的表示；when 子句用以表达当条件由假转真时只在间断点有效的行为。

飞行器在行星着陆过程的 Modelica 模型如下，其反推力在着陆过程中发生离散变化，飞行器所受重力、反推力和距地高度之间相互耦合，构成连续离散混合系统，如图 1-5 所示。

```
class Landing
    parameter Real force1 = 36350;
    parameter Real force2 = 1308;
protected
    parameter Real G1 = 1e8;
    parameter Real G2 = 1e5;
public
    Rocket rocket(name="rocket");
    CelestialBody    planet(name="planet",mass=7.382e22,radius=1.738e6);
equation
    rocket.thrust = if (rocket.gravity < G1) then force1
```

```
        else if (rocket.gravity < G2) then force2
        else 0;
    rocket.gravity = planet.g*planet.mass/(rocket.altitude+planet.radius)^2;
end Landing;
```

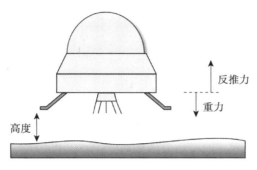

图 1-5　飞行器着陆过程

5. 基于非因果的建模

开发者根据各个组件的数学理论，直接通过方程形式来实现模型代码的编写，无须人为进行组件连接关系的解耦和推导整个复杂系统算法的求解序列，从而可以大大降低对模型开发人员的技术要求，并在应用过程中有效地避免整个系统模型重构的问题，更为直观地反映系统物理拓扑结构，如图 1-6 所示。

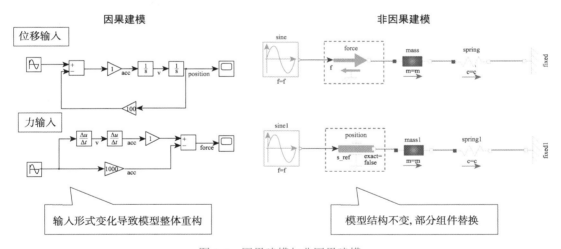

图 1-6　因果建模与非因果建模

6. 多领域统一建模

基于能量流守恒的原理，可以实现不同专业所组成的大型系统模型在同一软件工具下进行构建和分析，避免不同分系统、不同专业之间不同类型模型的复杂解耦，有效地克服了基于接口的多领域建模技术所引起的解耦困难、操作复杂、求解误差相对较大的问题，进而改善了模型的求解性和准确性，如图 1-7 所示。

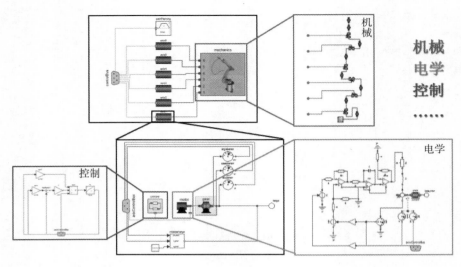

图 1-7　多领域统一建模

7. 连续离散建模

支持条件判断机制的建模方式，能够实现连续离散的混合建模，可以很好地处理系统仿真过程中的事件，尤其对于核反应堆热工水力复杂系统在运行过程中的状态变化，它可较好地模拟设备在不同控制时序下的动态运行过程，如图 1-8 所示。

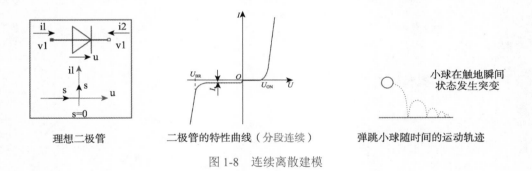

理想二极管　　　　二极管的特性曲线（分段连续）　　　弹跳小球随时间的运动轨迹

图 1-8　连续离散建模

理想二极管模型如下：

```
model Diode "ideal diode"
    extends Modelica.Electrical.Analog.Interfaces.OnePort;
    constant Modelica.Units.SI.Voltage unitVoltage = 1;
    constant Modelica.Units.SI.Current unitCurrent = 1;
    Real s;
    Boolean off;
equation
    off = s < 0;
    if off then
        v = s * unitVoltage;
    else
        v = 0;
```

```
        end if;
        i = if off then 0 else s * unitCurrent;
    end Diode;
```

弹跳小球模型如下:

```
model BouncinaBall "弹跳小球模型"
    constant Modelica.Units.SI.Acceleration g = 9.8 "重力加速度";
    parameter Real coef = 0.9 "弹性系数";
    parameter Modelica.Units.SI.Height h0 = 10 "初始高度";
    Modelica.Units.SI.Height h(start = h0) "小球高度";
    Modelica.Units.SI.Velocity v "小球速度";
    Boolean flying "是否运动";
equation
    flying = not (h <= 0 and v <= 0);
    der(v) = if flying then -g else 0;
    v = der(h);
    when h <= 0 then
        reinit(v, -coef * v);
    end when;
end BouncinaBall;
```

8. 面向对象建模

采用封装、继承、多态和抽象等面向对象的思想，实现了模型基于模块化、层次化的设计、开发和应用，可以使得所开发的模型具有极强的重用性和扩展性，方便了用户后续使用、修改和完善，如图 1-9 所示。

Modelica 模型库　　　　　　　自定义模型库

图 1-9　面向对象建模

1.2.3 MWORKS.Syslab

MWORKS.Syslab 是苏州同元软控信息技术有限公司（以下简称"同元软控"）全新推出的新一代科学计算环境，可用于算法开发、数据分析与可视化、数值计算等。基于高性能科学计算语言 Julia，MWORKS.Syslab 的数值计算在数学类的科技和工程应用中首屈一指，同时支持与其他编程语言（如 Python、R、C/C++、Fortran、M 等）的相互调用。利用丰富的附加工具箱，MWORKS.Syslab 可适合于不同领域的应用，如信号处理与通信、控制系统分析设计、图形图像处理等。结合 MWORKS.Sysplorer 的系统建模仿真能力，可为信息物理融合系统（CPS）的研制提供有力支撑，MWORKS.Sysplorer 的用户界面如图 1-10 所示。

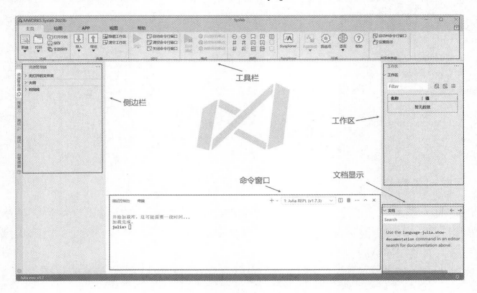

图 1-10 MWORKS.Syslab 的用户界面

在现代科学和工程技术中，经常遇到大量复杂的科学计算问题。MWORKS.Syslab 可高效解决科学与工程中遇到的矩阵运算、数值求解、数据分析、信号处理、控制算法设计优化问题。MWORKS.Syslab 与 MWORKS.Sysplorer 通过双向深度融合，形成了新一代科学计算与系统建模仿真的一体化基础平台，可满足各行业在设计、建模、仿真、分析、优化方面的业务需求。

接下来简述一下 MWORKS.Syslab 的特点。

1）产品功能

（1）通用编程与算法开发

通过高级通用动态编程语言 Julia 以及完备的交互式编程环境支持算法的开发、调试与运行，同时支持将 Julia 与其他编程语言（如 Python、R、C/C++、Fortran、M 等）结合使用。

（2）高性能数学计算引擎

通过内置的基础数学、符号数学、统计、优化、曲线拟合等大量数学函数，实现复杂数学问题及工程问题的简洁表达与高效计算。

（3）数据分析与可视化

支持常用数据文件的读取或导入，进而执行数据探查、分析与可视化。MWORKS.Syslab

提供多种编程方式，也支持用户自定义的图形和交互，免去编写大量代码的烦琐工作。运用标题、轴标签和数据提示添加注释，生成出版级质量的专业图形。

（4）领域工具开发与运行的基础支撑环境

借助 MWORKS.Syslab 高性能数学计算引擎与完备的编程开发环境，可实现各类领域工具的开发，并支撑其运行。

2）应用场景

（1）信号处理与通信仿真

支持均匀/非均匀采样信号的分析、预处理和特征提取，信号平滑处理、去趋势和功率谱估计，时域、频域及时频域中的可视化处理分析，以及 FIR/IIR 各类数字滤波器的设计；为信号处理和通信系统的设计与仿真提供支撑。

（2）自动化与控制系统

通过经典和现代控制方法与调度逻辑，实现控制系统对象建模及控制算法的设计与调节；支持自动生成代码进行部署，并能够完成控制系统的设计、测试和实现。

（3）图像处理

支持图像数据的导入/导出、图像类型转换、图像显示和探查、图像分割与分析、图像滤波和增强、几何变换和图像配准，为图像处理、分析、可视化和算法开发提供支撑。

1.2.4 Julia 简介

科学计算对性能一直有着很高的要求，但目前各领域的专家却大量使用运行速度较慢的动态语言来开展他们的日常工作。偏爱动态语言有很多很好的理由，因此我们不会舍弃动态的特性。幸运的是，现代编程语言设计与编译器技术可以大大进行性能折中（trade-off），并提供有足够生产力的单一环境进行原型设计，而且能高效地部署性能密集型应用程序。Julia 语言在其中扮演了这样一个角色：它是一门灵活的动态语言，适合用于科学计算和数值计算，并且性能可与传统的静态类型语言媲美。

由于 Julia 的编译器和其他语言（如 Python 或 R）的解释器有所不同，一开始可能会发现 Julia 的性能并不是很突出。如果觉得速度有点慢，我们建议在尝试其他功能前，先读一读文档中提高性能的窍门，理解 Julia 的运作方式。

Julia 拥有可选类型标注和多重派发两个特性，同时还拥有很棒的性能。这些都得归功于使用 LLVM 实现的类型推导和即时编译（JIT）技术。Julia 是一门支持过程式、函数式和面向对象的多范式语言。它像 R、MATLAB 和 Python 一样简单，在高级数值计算方面有丰富的表现力，并且支持通用编程。为了实现这个目标，Julia 以数学编程语言（mathematical programming languages）为基础，同时也参考了不少流行的动态语言，例如 Lisp、Perl、Python、Lua 和 Ruby。

Julia 与传统动态语言最重要的区别如下：

① 核心语言很小，标准库是用 Julia 自身写的，包括整数运算这样的基础运算；

② 丰富的基础类型，既可用于定义和描述对象，也可用于做可选的类型标注；

③ 通过多重派发，可以根据参数类型的不同，调用同名函数的不同实现，自动生成高效、专用的代码；

④ 接近 C 语言的性能。

尽管人们有时会说动态语言是"无类型的"，但实际上绝对不是这样的：每个对象都有一个类型，无论它是基础（primitive）的类型还是用户自定义的类型。大多数的动态语言都缺乏类型声明，这意味着程序员无法告诉编译器值的类型，也就无法显式地讨论类型。另外，在静态语言中，往往必须标注对象的类型。但类型只在编译期才存在，而无法在运行时进行操作和表达。而在 Julia 中，类型本身是运行时的对象，并可用于向编译器传达信息。

类型系统和多重派发是 Julia 最主要的特征，但一般不需要显式地手动标注或使用：函数通过函数名称和不同类型参数的组合进行定义，在调用时会派发到最接近（most specific）的定义上。这样的编程模型非常适合数学化的编程，尤其是在传统的面向对象派发中，当一些函数的第一个变量理论上并不"拥有"这样一个操作时。在 Julia 中运算符只是函数的一个特殊标记，例如，为用户定义的新类型添加加法运算，只要为该函数定义一个新的方法就可以了，已有的代码就可以无缝接入这个新的类型。

Julia 在设计之初就非常看重性能，再加上它的动态类型推导（可以被可选的类型标注增强），使得 Julia 的计算性能超过了其他的动态语言，甚至能够与静态编译语言竞争。对于大型数值问题，速度一直都是一个重要的关注点：在过去的几十年里，需要处理的数据量很容易与摩尔定律保持同步。

Julia 的目标是创建一个前所未有的集易用、强大、高效于一体的语言。除此之外，Julia 还拥有以下优势：

① 采用 MIT 许可证，免费又开源；
② 用户自定义类型的速度与兼容性和内建类型一样好；
③ 无须特意编写向量化的代码，非向量化代码的运行就很快；
④ 为并行计算和分布式计算设计；
⑤ 轻量级的"绿色"线程——协程；
⑥ 性价比高的类型系统；
⑦ 优雅、可扩展的类型转换和类型提升；
⑧ 对 Unicode 的有效支持，包括但不限于 UTF-8；
⑨ 直接调用 C 函数，无须封装或调用特别的 API；
⑩ 像 Shell 一样强大的管理其他进程的能力；
⑪ 像 Lisp 一样的宏和其他元编程工具。

1. 数学运算

Julia 为它所有的基础数值类型提供了整套基础算术和位运算，也提供了一套高效、可移植的标准数学函数。

如表 1-1 所示的算术运算符支持所有的原始数值类型。

表 1-1 算术运算符

表达式	名称	描述
$+x$	一元加法运算符	全等操作
$-x$	一元减法运算符	将值变为其相反数
$x+y$	二元加法运算符	执行加法运算
$x-y$	二元减法运算符	执行减法运算

表达式	名称	描述
$x*y$	乘法运算符	执行乘法运算
x/y	除法运算符	执行除法运算
$x÷y$	整除	取 x/y 的整数部分
$x\backslash y$	反向除法	等价于 y/x
$x^\wedge y$	幂运算符	x 的 y 次幂
$x\%y$	取余	等价于 rem(x,y)

表 1-2 所示的表达式支持对布尔类型的否定。

表 1-2　对布尔类型的否定表达式

表达式	名称	描述
$!x$	否定	将 true 和 false 互换

除了优先级比二元运算符高，直接放在标识符或括号前的数字，如 2x 或 2(x+y)还会被视为乘法。

Julia 的类型提升系统使得混合参数类型上的代数运算也能自然进行。

2. 函数

在 Julia 里，函数是一个将参数值元组映射到返回值的对象。Julia 的函数不是纯粹的数学函数，在某种意义上，函数可以改变并受程序的全局状态影响。在 Julia 中定义函数的基本语法如下：

```
julia>function f(x,y) = x + y
end
f(genericfunctionwith1method)
```

这个函数接收两个参数 x 和 y 并返回最后一个表达式的值，这里是 x+y。在 Julia 中定义函数还有第二种更简洁的语法。上述的传统函数声明语法等效于以下紧凑性的"赋值形式"：

```
julia>f(x,y) = x + y
f(genericfunctionwith1method)
```

尽管函数可以是复合表达式，但在赋值形式下，函数体必须是一个一行的表达式。简短的函数定义在 Julia 中是很常见的。非常惯用的短函数语法大大减少了打字和视觉方面的干扰。

```
julia>f(2,3)
```

没有括号时，表达式 f 指的是函数对象，可以像任何值一样被传递：

```
julia>g = f;
julia>g(2,3)
```

与变量名一样，Unicode 字符也可以作为函数名：

```
julia>∑(x,y) = x + y
```

∑(genericfunctionwith1method)

julia>∑(2,3)5

3. 代码加载

如果要安装包，则使用 Julia 的内置包管理器 Pkg 将包加入环境中。如果要使用已经在环境中的包，则使用 import X 或 using X，正如在模块中所描述的那样。Julia 加载代码有两种机制。

（1）代码包含

例如 include("source.jl")，包含允许用户把一个程序拆分为多个源文件。表达式 include("source.jl")使得文件 source.jl 的内容在出现 include 调用的模块的全局作用域中执行。如果多次调用 include("source.jl")，source.jl 就被执行多次。source.jl 的包含路径解释为相对于出现 include 调用的文件路径。重定位源文件子树因此变得简单。在 REPL 中，包含路径为当前工作目录，即 pwd()。

（2）加载包

例如 import X 或 using X，import 通过加载包（一个独立的，可重用的 Julia 代码集合，包含在一个模块中）并导入模块内部的名称 X，使得模块 X 可用。如果在同一个 Julia 会话中多次导入包 X，那么后续导入模块为第一次导入模块的引用。但请注意，import X 可以在不同的上下文中加载不同的包：X 可以引用主工程中名为 X 的一个包，也可以引用处于其他位置、名称同为 X 的包。更多机制说明如下。

代码包含是非常直接和简单的：其在调用者的上下文中解释运行给定的源文件。包加载是建立在代码包含之上的，它具有不同的用途。本章的其余部分将重点介绍程序包加载的行为和机制。

一个包就是一个源码树，其标准布局中提供了其他 Julia 项目可以复用的功能。包可以使用 import X 或 using X 语句加载，名为 X 的模块在加载包代码时生成，并在包含该 import 语句的模块中可用。import X 中 X 的含义与上下文有关：程序加载哪个 X 包取决于 import 语句出现的位置。因此，处理 import X 分为两步：首先，确定在此上下文中哪个包被定义为 X；其次，确定到哪里找特定的 X 包。

确定 X 包的指代可通过查询各项目文件（Project.toml 或 JuliaProject.toml）、清单文件（Manifest.toml 或 JuliaManifest.toml）或源文件的文件夹列在 LOAD_PATH 中的项目环境来解决。

JuliaControl 是控制科学主要涉及的包，表 1-3 对 JuliaControl 控制科学相关库进行介绍。

表 1-3　JuliaControl 控制科学相关库

包名称	介绍
RobustAndOptimalControl.jl	用于 LQG 设计、分析和不确定性建模
SymbolicControlSystems.jl	线性系统的基本 C 代码生成
ControlSystemIdentification.jl	LTI 系统识别工具箱
DiscretePIDs.jl	离散时间 PID 控制器
DescriptorSystems.jl	以质量矩阵表示状态空间系统
TrajectoryOptimization.jl	开环最优控制和轨迹优化
LowLevelParticleFilters.jl	使用粒子滤波器和卡尔曼滤波器进行状态估计

包名称	介绍
ModelingToolkit.jl	无因果建模工具，类似于 Modelica
JuliaSimControl.jl	提供额外的非线性和鲁棒控制方法
FaultDetectionTools.jl	在线故障检测
ReachabilityAnalysis.jl	可达性分析
MatrixEquations.jl	矩阵方程的求解器
JuMP.jl	优化建模语言，类似于 YALMIP
SumOfSquares.jl	建立在 JuMP 基础上的平方和编程软件包
MonteCarloMeasurements.jl	处理参数不确定性的库
DifferentialEquations.jl	科学问题求解器
Dojo.jl	可微分机器人模拟器
StaticCompiler.jl	编译 Julia 程序小二进制文件的工具
JuliaPOMDP.jl	强化学习库
JuliaReinforcementLearning.jl	另一个强化学习库

除了 Julia 官方提供的控制科学相关库，MWORKS 还提供了控制系统工具箱，能够系统化地分析、设计和调节线性控制系统。该工具箱主要处理以传递函数为特征的经典控制、以状态空间为主要特征的现代控制中的问题，针对 LTI 线性时不变（Linear Time Invariant，LTI）系统的建模、分析、设计和调整提供了一个完整的解决方案，包括一系列函数（算法）和交互式应用程序（App）。

控制系统工具箱不同于 Julia 内置包，无须声明和引用即可使用 MWORKS 代码工具箱中的函数。本书后续关于控制系统的计算都基于 MWORKS 的控制系统工具箱。

本 章 小 结

计算机辅助工程就是在自然科学技术和计算机技术不断发展的基础上建立起来的，它将具体的自然学科与计算机技术相结合，将自然科学理论知识和经验通过计算机语言描述出来，帮助人们去认识客观的物质世界。通过计算机的高速处理能力，使人们能够在很短的时间内得到和处理大量的数据，拓展人们认识物质世界的能力，减轻人们的体力和脑力劳动。

控制系统计算机辅助设计技术也达到了较高水平，各类优秀的科学计算语言和软件层出不穷。本书使用 MWORKS 智能仿真验证平台，平台自主可控，为复杂系统工程研制提供全生命周期的仿真验证支持。

习 题 1

1.1 科学计算语言有哪些？应该如何分类？

1.2 简述科学计算的发展趋势，谈谈你对科学计算的理解。

第 2 章
控制系统建模与仿真理论基础

本章首先介绍控制系统建模的基本概念和原理，包括连续时间系统和离散时间系统的建模方法，如微分方程、状态空间模型等，然后详细介绍控制系统仿真的基本原理和方法，包括数值求解方法、仿真软件的使用等。

通过本章的学习，读者将学会如何进行控制系统的建模和仿真。通过实际案例的分析和仿真实验，读者将掌握建立系统模型的方法，了解不同建模方法的适用范围和特点，以及如何使用仿真工具进行系统行为和性能的分析。

通过本章的学习，读者可以了解（或掌握）：
* ❖ 控制系统的基本概念和原理；
* ❖ MWORKS 中的控制系统校正工具；
* ❖ 系统性能曲线的绘制方法；
* ❖ 系统的建模方法。

2.1 自动控制系统简介 ///////////////////

2.1.1 自动控制系统

自动控制技术是指在没有人直接参与的情况下，利用外加的设备或装置（称为控制器，Controller），使机器、设备或生产过程（统称被控对象，Plant；或被控过程，Process）的某个工作状态或参数（被控量）自动地按照预定的规律运行。

2.1.1.1 自动控制系统的应用

自动控制在各个工业领域应用相当广泛，这里举例进行说明。

1. 液位控制系统

锅炉和反应器在发电厂、石油化工等生产企业中是常见的生产过程设备，如图 2-1 所示，其中的液位控制是很重要的。为了保证锅炉正常运行，需维持锅炉液位为期望值。当蒸汽的耗汽量与锅炉进水量相等时，液位保持正常设定标准值；当锅炉给水量不变，而蒸汽负荷突增或突减时，液位就会下降或上升；或者，当蒸汽负荷不变，而给水管道水压发生变化时，引起锅炉液位发生变化。无论哪种情况，只要实际液位与设定液位间有偏差，调节器应立即进行控制，去开大或关小给水阀门，使液位恢复到给定值。

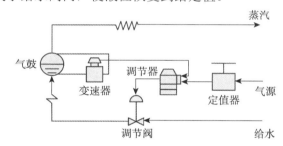

图 2-1　锅炉液位控制系统

图 2-2 中的"⊗"符号代表相加点，负号表示减法运算，箭头表示信号流动方向。"●"符号代表分支点，表示在该点上来自方框的信号将同时流向其他方框或相加点。

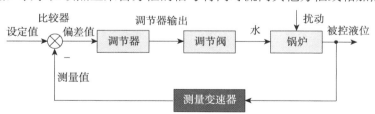

图 2-2　锅炉液位控制系统结构图

2. 温度控制系统

在冶金、电力、石油化工以及生物制药等行业中的许多工艺设备中的温度控制是相当普遍的，图 2-3 表示电加热炉温度控制系统的原理图，电炉内的温度由温度传感器获得，常用的温度传感器有各种类型的热电偶、铂电阻和半导体温度传感器等，将温度这个模拟量经温度变送器（放大器）再通过带有 AD、DIA 以及数字信号转换器的数据采集板变为数字量温度，传送到计算机作为数字信号，并与期望的温度值比较。根据误差情况，计算机数字控制器就会通过数据采集板和继电器（或固态继电器、调节器）等执行元件向加热器发送控制信号，从而使炉温达到期望的温度。

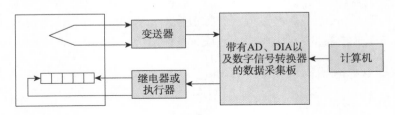

图 2-3　电加热炉温度控制系统

因此，典型自动控制系统结构图如图 2-4 所示，其主要术语表示如下。

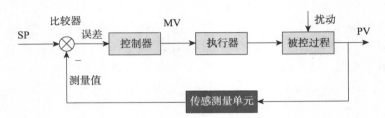

图 2-4　典型自动控制系统结构图

2.1.1.2　自动控制系统的结构

1. 被控过程或设备

被控过程或设备指任何一个被控制的设备（如一种机械装置、一个加热炉、一个化学反应器、一架飞机），有时又称为被控对象。

2. 被控变量、设定变量和操纵或控制变量

（1）被控变量是一种被测量和被控制的量值或状态[工业过程控制中用符号 PV（Parameters Variable）表示]，它也是控制系统的输出量。

（2）设定变量是指期望的被控变量值[工业过程控制中用符号 SV（Set Variable）或 SP（Set Point）表示]，它相当于控制系统的参考输入量。

（3）操纵（控制）变量是由控制器改变的量值或状态[工业过程控制中用符号 MV（Manipulated Variable）表示]，它将影响被控变量的值，相当于控制量。

3. 系统

系统（Systems）指一些部件的组合，包含物理学、生物学和经济学等方面的系统。

4. 扰动

扰动（Disturbance）是一种对系统的输出量控制产生不利影响的信号。

5. 反馈控制

反馈控制（Feedback Control）指在存在扰动的情况下，力图减小系统的输出量与某种参考输入量之间的误差，其工作原理基于这种偏差。

2.1.1.3 自动控制系统的基本控制方式

1. 开环控制

直流电机开环控制系统结构图如图 2-5 所示，电机转速给定信号 u_g 发生变化时，使得电机电枢电压 u_a 发生变化，电机转速 n 也随之变化。当有外部扰动时（负载变化、电源电压波动），例如，负载增大，导致电机转速 n 减小，操纵人员检测到实际转速并与给定值比较，随后增大 u_g，使得转速 n 随之增大。

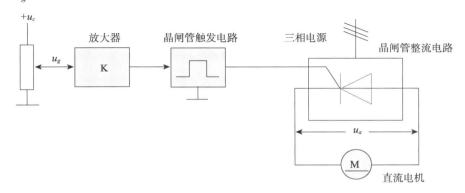

图 2-5　直流电机开环控制系统结构图

开环控制系统特点如下：
① 输入控制输出，输出对输入没有影响。
② 装置简单，但控制准确度低。当有扰动时，如果没有人为干预，输出量将不能按给定量所期望的状态工作。

开环控制系统的一般结构如图 2-6 所示。

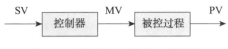

图 2-6　开环控制系统的一般结构

2. 闭环控制

在如图 2-5 所示的开环控制系统的基础上，加入测速发电机等电机转速测量单元，构成如图 2-7 所示的直流电机闭环控制系统。随着负载增大，n 减小，反馈信号 u_f 随之减小，从而误差 Δu 增大，致使晶闸管（Silicon Controlled Rectifier，SCR）触发装置的移相角前移，n 随之增大，从而减小或消除误差，相当于偏差控制。

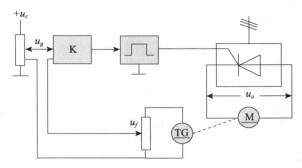

图 2-7　直流电机闭环控制系统结构图

闭环控制系统的特点如下：

① 输入控制输出，输出对输入有影响；

② 装置复杂，但控制精度高。

闭环控制系统的一般结构如图 2-8 所示。

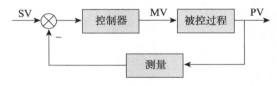

图 2-8　闭环控制系统的一般结构

3. 复合控制

复合控制（Forward-Feedback Control）就是开环的扰动补偿控制和闭环的偏差控制的结合，相当于前馈控制与反馈控制的结合，可提高控制精度，分为按扰动信号补偿的复合控制和按输入信号补偿的复合控制两种：

① 按扰动信号补偿的复合控制，用于定值控制系统，如图 2-9 所示；

② 按输入信号补偿的复合控制，用于随动控制系统。

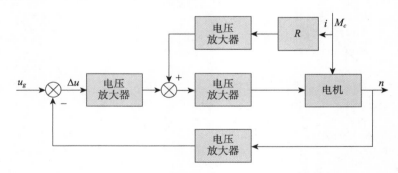

图 2-9　按扰动信号补偿的复合控制系统结构图

2.1.1.4　自动控制系统的分类

自动控制系统有许多分类方法，下面分别按系统特性方程、参考输入信号的变化规律、系统控制策略的不同进行分类。

1. 按系统特性方程分类

1）线性连续时间系统

如果某个系统满足叠加性，则称其为线性系统。叠加性指多个不同的激励信号同时作用于某系统的响应等于各个激励函数单独作用系统的响应之和。

线性系统包括线性连续时间系统及线性离散时间系统，其中，线性连续时间系统又分为线性定常连续时间系统和线性时变连续时间系统。

一个 n 阶线性连续时间系统微分方程的一般形式为

$$
\begin{aligned}
& a_n c^{(n)}(t) + a_{n-1} c^{(n-1)}(t) + \cdots + a_1 \dot{c}(t) + a_0 c(t) \\
& = b_m r^{(m)}(t) + b_{m-1} r^{(m-1)}(t) + \cdots + b_1 \dot{r}(t) + b_0 r(t)
\end{aligned}
\tag{2-1}
$$

式中，$c(t)$ 为系统的输出量或被控量；$r(t)$ 为系统的参考输入量或期望的设定值。

当 a_i、b_i 为常数时，上述系统称为线性定常连续时间系统。当 $a_i(t)$、$b_i(t)$ 为时间的函数时，上述系统称为线性时变连续时间系统。例如，火箭是一个时变对象，在飞行过程中，由于燃料的不断减少，其质量随时间而变化。线性时变连续时间系统的分析比线性定常连续时间系统的分析要困难得多。

2）非线性系统

非线性系统即不能应用叠加原理的系统，或系统中有一个元件的输入/输出特性是非线性的系统。例如：

$$
\begin{cases}
\dfrac{\mathrm{d}^2 x}{\mathrm{d}t^2} + x^2 + x = A \sin \omega t \\[2mm]
\dfrac{\mathrm{d}^2 x}{\mathrm{d}t^2} + (x^2 - 1)\dfrac{\mathrm{d}x}{\mathrm{d}t} + x = 0 \\[2mm]
\dfrac{\mathrm{d}^2 x}{\mathrm{d}t^2} + \dfrac{\mathrm{d}x}{\mathrm{d}t} + x + x^3 = 0
\end{cases}
\tag{2-2}
$$

严格地说，实际物理系统中都会存在程度不同的非线性元器件特性，如图 2-10 所示为典型非线性特性。非线性系统理论远不如线性系统理论那样完整，描述它的方法也有限。

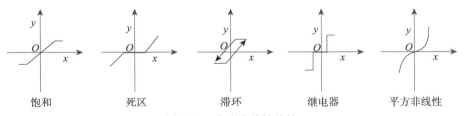

| 饱和 | 死区 | 滞环 | 继电器 | 平方非线性 |

图 2-10　典型非线性特性

3）数字控制系统或离散时间系统

系统中某处或多处信号为脉冲序列或数码形式，因而信号在时间上是数字的或离散的，描述它的基础数学模型称为差分方程。

2. 按参考输入信号的变化规律分类

1）恒值控制系统

恒值控制系统期望的参考输入量为常数，要求被控量也为一个常数，控制器（调节器）

研究的重点是各种扰动对被控过程的影响及抗扰措施，例如工业过程中温度、流量、压力、液位、比值等参量的控制。

2）随动控制系统

随动控制系统期望的参考输入量是预先未知的随时间变化的函数，要求被控量以尽可能小的误差快速跟随参考输入量的变化，称为随动控制系统，又称为伺服控制系统。在随动控制系统中，扰动的影响是次要的，研究重点在于快速性和准确性。火炮控制系统如图 2-11 所示，因为敌方飞行器的位置是时刻变化的，又是预先不确定的，因此，要求火炮时刻跟踪该飞行器。

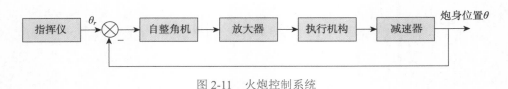

图 2-11　火炮控制系统

3）程序控制系统

程序控制系统的参考输入量是按预定规律随时间变化的函数，要求被控量迅速、准确地加以复现。机械加工中使用的数控机床便是一例。

3. 按照系统控制策略分类

1）开环控制系统

开环控制系统的控制动作不依赖于输出状态，即系统的输出没有反馈到输入端。这种控制方式简单，但无法自动补偿由外部扰动或系统参数变化引起的误差。

2）闭环控制系统

闭环控制系统也称反馈控制系统，控制动作依赖于输出状态，系统的输出会通过反馈环路反馈给输入端，控制器根据设定目标和实际输出的差异调整控制信号，以减小误差，提高系统的稳定性和准确性。

3）单输入与单输出（Single Input Single Output，SISO）控制系统

该控制系统仅有一个输入变量和一个输出变量。

4）多输入与多输出（Multiple Input Multiple Output，MIMO）控制系统

该控制系统有多个输入变量和多个输出变量，如图 2-12 所示。炼油厂的催化裂化、常减压装置，直升机的姿态控制就是 MIMO 控制系统的例子。

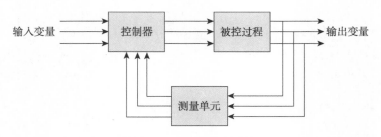

图 2-12　MIMO 控制系统

2.1.2　控制系统建模

控制系统的数学模型是描述系统输入变量、输出变量以及内部各变量之间关系的数学表达式。建立系统的数学模型，是对控制系统进行分析和设计的基础。

许多表面上完全不同的系统（如机械系统、电气系统、化工系统等），其数学模型可能完全相同。数学模型更深刻地揭示了系统的本质特征，是系统固有特性的一种抽象和概括。深入研究一种数学模型，就能完全了解具有这种数学模型的各种系统的特点。

对一个实际系统，若要考虑所有因素，精确地描述其特性，往往会使数学模型十分复杂，给分析和设计带来不便。因此，在实际系统建模过程中，常常需要根据具体情况，忽略一些次要因素，进行适当简化，以获得能足够准确地反映系统的输入/输出特性又便于分析处理的近似数学模型。

建立系统数学模型的方法有解析法（又称理论建模）和实验法（又称系统辨识）。解析法是根据系统中各元器件所遵循的客观规律和运行机理（如物理定律、化学反应方程式等）列写相应的关系式，导出系统的数学模型。实验法是人为地给系统施加某种测试信号，记录该输入及相应的输出响应，并用适当的数学模型去逼近系统的输入/输出特性。本节只讨论运用解析法建立系统的数学模型。

系统数学模型常见的描述形式有微分方程、传递函数、频率特性、状态空间表达式等。它们从不同角度描述了系统中各变量间的相互关系。本节重点介绍微分方程和传递函数这两种基本的数学模型，其他形式的数学模型将在后续章节中分别介绍。

1. 控制系统的时域数学模型

用解析法列写系统或元器件微分方程的一般步骤如下：

（1）根据具体情况，确定系统或元器件的输入变量、输出变量；

（2）依据各元器件输入变量、输出变量所遵循的基本定律，列写微分方程组；

（3）消去中间变量，求出仅含输入变量、输出变量的系统微分方程；

（4）将微分方程整理成规范形式，即将输出变量及其各阶导数项放在等号左边，输入变量及其各阶导数项放在等号右边，分别按降阶顺序排列。

下面举例说明建立微分方程的方法。

【例 2-1】RLC 无源网络如图 2-13 所示，图中，R、L 和 C 分别是电路的电阻、电感和电容值。试列写输入电压 u_r 与输出电压 u_c 之间的微分方程。

解：根据基尔霍夫定律列写电路的电压平衡方程：

$$u_r(t) = Li(t) + Ri(t) + u_c(t) \tag{2-3}$$

$$i(t) = C\dot{u}_c(t) \tag{2-4}$$

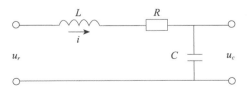

图 2-13　RLC 无源网络

联立上述方程，消去中间变量 $i(t)$，整理可得

$$\ddot{u}_c(t) + \frac{R}{L}\dot{u}_c(t) + \frac{1}{LC}u_c(t) = \frac{1}{LC}u_r(t) \tag{2-5}$$

当 R、L 和 C 都是常数时，式（2-5）为二阶线性常系数微分方程。

【例 2-2】弹簧-质块-阻尼器系统如图 2-14 所示。其中，m 为质块的质量，k 为弹簧的弹性系数，f 为阻尼器的阻尼系数。试列写以外力 $F(t)$ 为输入变量，以质块位移 $y(t)$ 为输出变量的系统微分方程。

解：将系统各部分视为分离体，其中，质块受力分析如图 2-15 所示。由牛顿第二定律可写出

$$F(t) - ky(t) - f\dot{y}(t) = m\ddot{y}(t) \tag{2-6}$$

经整理可得

$$\ddot{y}(t) + \frac{f}{m}\dot{y}(t) + \frac{k}{m}y(t) = \frac{1}{m}F(t) \tag{2-7}$$

当 k、f 和 m 为常数时，式（2-7）为二阶线性常系数微分方程。

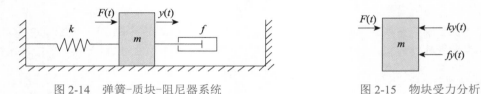

图 2-14　弹簧-质块-阻尼器系统　　　　图 2-15　物块受力分析

【例 2-3】电枢控制式直流电动机的工作原理如下：电枢电压在电枢回路中产生电流，通电的电枢转子绕组在磁场作用下产生电磁转矩，从而带动负载转动。图 2-16 是电枢控制式直流电动机的工作原理图，图中，电枢电压 $u_a(t)$ 为输入变量，电动机转速 $\omega_m(t)$ 为输出变量。R 为电枢电路的电阻，f_m、J_m 分别为折合到电动机轴上的总黏性摩擦系数和总转动惯量。试列写其微分方程。

解：由基尔霍夫定律列写电枢回路电压平衡方程：

$$u_a(t) = Ri(t) + E_b(t) \tag{2-8}$$

式中，$E_b(t)$ 为电枢旋转时产生的反电势，其大小与转速的关系为

$$E_b = C_e\omega_m(t) \tag{2-9}$$

式中，C_e 为比例系数。由安培定律，电枢电流产生的电磁转矩可以表示为

$$M_m(t) = C_mi(t) \tag{2-10}$$

式中，C_m 为电动机转矩系数。由牛顿定律写出电动机轴上的转矩平衡方程：

$$J_m\dot{\omega}_m(t) + f_m\omega_m(t) = M_m(t) \tag{2-11}$$

联立式（2-8）～式（2-11），消去中间变量 $i(t)$、$E_b(t)$、$M_m(t)$，经整理可得到电动机输入电压 $u_a(t)$ 到输出转速 $\omega_m(t)$ 之间的一阶线性微分方程：

$$T_m\dot{\omega}_m(t) + \omega_m(t) = K_au_a(t) \tag{2-12}$$

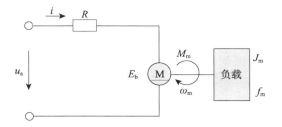

图 2-16　电枢控制式直流电动机工作原理图

式中，$T_m = \dfrac{RJ_m}{Rf_m + C_mC_e}$ 为电动机的机电时间常数；$K_a = \dfrac{C_m}{Rf_m + C_mC_e}$ 为电动机的传动系数。
T_m、K_a 均为常数时，式（2-12）为一阶线性常系数微分方程。

在工程实际中常以电动机的转角 $\theta(t)$ 作为输出变量，将 $\omega_m(t) = \dot{\theta}(t)$ 代入式（2-12），有

$$T_m\ddot{\theta}(t) + \dot{\theta}(t) = K_au_a(t) \tag{2-13}$$

【例 2-4】依据函数记录仪的工作原理，给出的函数记录仪控制系统方框图如图 2-17 所示。试列写以给定电压 $u_r(t)$ 为输入变量，记录笔位移 $L(t)$ 为输出变量的系统微分方程。

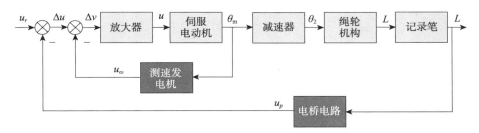

图 2-17　函数记录仪控制系统方框图

解：分别列写各元器件输入变量、输出变量间的数学关系。

（1）反馈口电压综合关系为

$$\Delta v(t) = u_r(t) - u_p(t) - u_w(t) \tag{2-14}$$

（2）放大器：设放大器放大倍数为 K_1，则有

$$u(t) = K_1\Delta v(t) \tag{2-15}$$

（3）伺服电动机：利用式（2-10）有

$$T_m\ddot{\theta}_m(t) + \dot{\theta}_m(t) = K_mu(t) \tag{2-16}$$

（4）测速发电机：设测速发电机传递系数为 K_ω，则有

$$u_\omega(t) = K_\omega\dot{\theta}_m(t) \tag{2-17}$$

（5）减速器：设减速比为 K_2，则有

$$\theta_2(t) = K_2\theta_m(t) \tag{2-18}$$

（6）绳轮机构和记录笔：设绳轮半径为 K_3，有

$$L(t) = K_3\theta_2(t) \tag{2-19}$$

（7）电桥电路：设电桥的传递系数为 K_4，有

$$u_p(t) = K_4 L(t) \tag{2-20}$$

联立式（2-14）～式（2-20），消去中间变量 $\Delta v(t)$、$u(t)$、$\theta_m(t)$、$\theta_2(t)$、$u_p(t)$ 和 $u_\omega(t)$，可以得出系统微分方程：

$$\ddot{L}(t) + \frac{1 + K_1 K_m K_\omega}{T_m} \dot{L}(t) + \frac{K_1 K_2 K_3 K_4 K_m}{T_m} L(t) = \frac{K_1 K_2 K_3 K_m}{T_m} u_r(t) \tag{2-21}$$

从上述例子可以看出，不同类型的元器件或系统可以具有相同形式的数学模型。例如，例 2-1、例 2-2 和例 2-4 导出的数学模型均是二阶线性微分方程，称具有相同数学模型形式的不同物理系统为相似系统。

应当注意，同一个元器件或系统，当输入变量、输出变量不同时，对应的数学模型不同。例如，例 2-3 中，若取电动机转速 $\omega_m(t)$ 为输出变量，则对应一阶微分方程；若取电动机角度为输出变量，则对应二阶微分方程。要确定物理系统的数学模型，必须确定输入变量、输出变量。

2.2 系统稳定性概述

2.2.1 稳定性描述

实际物理系统一般都含有储能元器件或惯性元器件，因而系统的输出变量和反馈变量总是滞后于输入变量的变化。因此，当输入变量发生变化时，输出变量从原平衡状态变化到新的平衡状态要经历一定时间。在输入变量的作用下，系统的输出变量由初始状态达到最终稳态的中间变化过程称为过渡过程，又称为瞬态过程。过渡过程结束后的输出响应称为稳态过程。系统的输出响应由过渡过程和稳态过程组成。

不同的控制对象、不同的工作方式和控制任务，对系统的品质指标要求也往往不相同。一般来说，对系统品质指标的基本要求可以归纳为三个字：稳、准、快。

"稳"是指系统的稳定性。稳定性指系统重新恢复平衡状态的能力。任何一个能够正常工作的控制系统，首先必须是稳定的。稳定是对自动控制系统的最基本要求。

由于闭环控制系统有反馈作用，控制过程有可能出现振荡或发散。以火炮方位角控制系统为例，设系统原来处于静止状态，火炮方位角与手轮对应的方位角一致，$\theta_0 = \theta_i$。若手轮突然转动某一角度（相当于系统输入阶跃信号），输入轴与输出轴之间便产生误差角，自整角机输出相应的偏差电压 u_e。u_e 经整流器、校正装置和功率放大器处理后成为 u_a。驱动电动机带动火炮架向误差角减小的方向运动。当 $\theta_0 = \theta_i$ 时，由于电动机电枢、火炮架存在惯性，输出轴不能立即停止转动，因而产生过调，$\theta_0 > \theta_i$。过调导致误差信号极性反相，使电机驱动火炮架开始制动，速度为零后又反向运动。如此反复下去，火炮架将在 θ_i 确定的方位上来回摆动。如果系统有足够的阻尼，则摆动振幅将随时间迅速衰减，使火炮架最终停留在 $\theta_0 = \theta_i$ 的方位上，系统便是稳定的。

并不是只要连接成负反馈形式后，系统就一定能正常工作，若系统设计不当或参数调整不合理，系统响应过程中可能出现振荡甚至发散，如图 2-18 中曲线 3、曲线 4 和曲线 5 所示。这种情形下的系统是不稳定的。

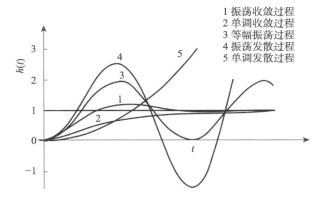

图 2-18　系统的单位阶跃响应过程

不稳定的系统无法使用，系统激烈而持久的振荡会导致功率元器件过载，甚至使设备损坏而发生事故，这是绝不允许的。

"准"是对系统稳态（静态）性能的要求。对一个稳定的系统而言，当过渡过程结束后，系统输出量的实际值与期望值之差称为稳态误差，它是衡量系统控制精度的重要指标。稳态误差越小，表示系统的准确性越好，控制精度越高。

"快"是对系统动态（过渡过程）性能的要求。描述系统动态性能可以用平稳性和快速性加以衡量。平稳是指系统由初始状态过渡到新的平衡状态时，具有较小的过调和振荡性；快速是指系统过渡到新的平衡状态所需的调节时间较短。动态性能是衡量系统质量高低的重要指标。

由于被控对象的具体情况不同，各种系统对上述三项性能指标的要求应有所侧重。例如，恒值系统一般对稳态性能限制比较严格，随动系统一般对动态性能要求较高。

同一个系统的上述三项性能指标之间往往是相互制约的。提高过程的快速性，可能会引起系统强烈振荡；改善了平稳性，控制过程可能会变得迟缓，甚至使最终精度变差。

2.2.2　稳定性判据

脉冲信号可视为一种典型的扰动信号。根据系统稳定的定义，若系统脉冲响应收敛，即

$$\lim_{t \to \infty} k(t) = 0 \tag{2-22}$$

则系统是稳定的。设系统闭环传递函数为

$$\Phi(s) = \frac{M(s)}{D(s)} = \frac{b_m(s - z_1)(s - z_2) \cdots (s - z_m)}{a_n(s - \lambda_1)(s - \lambda_2) \cdots (s - \lambda_n)}, \quad m \leqslant n \tag{2-23}$$

设闭环极点为互不相同的单根，可将上述闭环传递函数写为

$$C(s) = \Phi(s) = \frac{A_1}{s - \lambda_1} + \frac{A_2}{s - \lambda_2} + \cdots + \frac{A_n}{s - \lambda_n} = \sum_{i=1}^{n} \frac{A_i}{s - \lambda_i} \tag{2-24}$$

式中，$A_i = \lim_{s \to \lambda_i} (s - \lambda_i) C(s)$ 为 $C(s)$ 在闭环极点 λ_i 处的留数。对式（2-24）进行拉普拉斯反变换，得单位脉冲响应函数：

$$k(t) = A_1 e^{\lambda_1 t} + A_2 e^{\lambda_2 t} + \cdots + A_n e^{\lambda_n t} = \sum_{i=1}^{n} A_i e^{\lambda_i t} \qquad (2\text{-}25)$$

根据稳定性定义，系统稳定时应有

$$\lim_{t \to \infty} k(t) = \lim_{t \to \infty} \sum_{i=1}^{n} A_i e^{\lambda_i t} = 0 \qquad (2\text{-}26)$$

考虑到留数 A_i 的任意性，要使上式成立，只能有

$$\lim_{t \to \infty} e^{\lambda_i t} = 0, \quad i = 1, 2, \cdots, n \qquad (2\text{-}27)$$

系统稳定的充分必要条件是系统闭环特征方程的所有根都具有负的实部，或者说所有闭环特征根均位于左半 s 平面。

当系统有纯虚根时，系统处于临界稳定状态，脉冲响应呈现等幅振荡。由于系统参数的变化及扰动是不可避免的，实际上等幅振荡不可能永远维持下去，系统很可能会由于某些因素而导致不稳定。另外，从工程实践的角度来看，这类系统也不能正常工作，因此经典控制理论将临界稳定系统划归到不稳定系统之列。

线性系统的稳定性是其自身的属性，只取决于系统自身的结构、参数，与初始条件及外作用无关。线性定常系统如果稳定，则它一定是大范围稳定的，且原点是其唯一的平衡点。

劳斯于 1877 年提出的稳定性判据能够判定一个多项式方程中是否存在位于复平面右半部的正根，而不必求解方程。当把这个判据用于判断系统的稳定性时，又称为代数稳定判据。

设系统特征方程为

$$D(s) = a_n s^n + a_{n-1} s^{n-1} + \cdots + a_1 s + a_0 = 0, \quad a_n > 0 \qquad (2\text{-}28)$$

1. 判定稳定的必要条件

系统稳定的必要条件是

$$a_i > 0, \quad i = 0, 1, 2, \cdots, n \qquad (2\text{-}29)$$

满足必要条件的一、二阶系统一定稳定，满足必要条件的高阶系统未必稳定，因此高阶系统的稳定性还需要用劳斯判据来判断。

2. 劳斯判据

劳斯判据为表格形式，称为劳斯表，如表 2-1 所示。表 2-1 的前两行由特征方程的系数直接构成，其他各行的数值逐行计算。

表 2-1　劳斯表

s^n	a_n	a_{n-2}	a_{n-4}	a_{n-6}	$\cdots$
s^{n-1}	a_{n-1}	a_{n-3}	a_{n-5}	a_{n-7}	$\cdots$
s^{n-2}	$b_1 = \dfrac{a_{n-1}a_{n-2} - a_n a_{n-3}}{a_{n-1}}$	$b_2 = \dfrac{a_{n-1}a_{n-4} - a_n a_{n-5}}{a_{n-1}}$	b_3	b_4	$\cdots$
s^{n-3}	$c_1 = \dfrac{b_1 a_{n-3} - a_{n-1} b_2}{b_1}$	$c_2 = \dfrac{b_1 a_{n-5} - a_{n-1} b_3}{b_1}$	c_3	c_4	$\cdots$
$\vdots$	$\vdots$	$\vdots$	$\vdots$	$\vdots$	$\vdots$
s^0	a_0				

劳斯判据指出：系统稳定的充分必要条件是劳斯表中第一列系数都大于零，否则系统不稳定，而且第一列系数符号改变的次数就是系统特征方程中正实部根的个数。

【例 2-5】设系统特征方程为

$$s^4 + 2s^3 + 3s^2 + 4s + 5 = 0$$

试判定系统的稳定性。

解：该系统劳斯表如表 2-2 所示。

表 2-2 例 2-5 的劳斯表

s^4	1	3	5
s^3	2	4	0
s^2	1	5	0
s^1	−6		
s^0	5		

由于劳斯表的第一列系数有两次变号，故该系统不稳定，且有两个正实部根。

3. 劳斯判据的特殊情况

当应用劳斯判据分析线性系统的稳定性时，有时会遇到以下两种特殊情况，使得劳斯表中的计算无法进行到底，因此需要进行相应的数学处理，处理的原则是不影响劳斯判据的判别结果。

（1）劳斯表中某行的第一列项为零，而其余各项不为零或不全为零

此时，计算劳斯表下一行的第一个元时，将出现无穷大，使劳斯判据的运用失效。例如，特征方程为

$$D(s) = s^3 - 3s + 2 = 0$$

其劳斯表如表 2-3 所示。

表 2-3 劳斯表

s^3	1	−3
s^2	0	2
s^1	∞	

为了克服这种困难，可以用因子 $(s + a)$ 乘以原特征方程，其中 a 可为任意正数，再对新的特征方程应用劳斯判据，可以防止上述特殊情况的出现。例如，以 $(s + 3)$ 乘以原特征方程，新特征方程为

$$s^4 + 3s^3 - 3s^2 - 7s + 6 = 0$$

列出新的劳斯表，如表 2-4 所示。

表 2-4 新的劳斯表

s^4	1	−3	6
s^3	3	−7	0
s^2	−2/3	6	0
s^1	−20	0	0
s^0	6		

由新的劳斯表可知，第一列有两次符号变化，故系统不稳定，且有两个正实部根。若用因式分解法，原特征方程可分解为

$$D(s) = s^3 - 3s + 2 = (s-1)^2(s+2) = 0$$

有两个 $s=1$ 的正实部根。

（2）劳斯表中出现全零行

这种情况表明特征方程中存在一些绝对值相同但符号相异的特征根，例如两个大小相等但符号相反的实根和（或）一对共轭纯虚根，或者对称于实轴的两对共轭复根。

当劳斯表中出现全零行时，可用全零行上面一行的系数构造一个辅助方程 $F(s) = 0$，并将辅助方程对复变量 s 求导，用所得导数方程的系数取代全零行的元，便可按劳斯判据的要求继续运算下去，直到得出完整的劳斯表。辅助方程的次数通常为偶数，它表明数值相同但符号相反的根数。那些数值相同但符号相异的根均可由辅助方程求得。

【例 2-6】已知系统特征方程为

$$D(s) = s^6 + s^5 - 2s^4 - 3s^3 - 7s^2 - 4s - 4 = 0$$

试用劳斯判据分析系统的稳定性。

解：按劳斯判据的要求，列出劳斯表，如表 2-5 所示。

表 2-5　例 2-6 的劳斯表

s^6	1	−2	−7	−4
s^5	1	−3	−4	
s^4	1	−3	−4	
s^3	0	0	0	

由于出现全零行，故用 s^4 的行系数构造辅助方程：

$$F(s) = s^4 - 3s^2 - 4 = 0$$

取辅助方程对变量 s 的导数，得导数方程：

$$\frac{\mathrm{d}F(s)}{\mathrm{d}s} = 4s^3 - 6s = 0$$

用导数方程的系数取代全零行相应的元，便可按劳斯表的计算规则运算下去，得到表 2-6。

表 2-6　例 2-6 的新劳斯表

s^6	1	−2	−7	−4
s^5	1	−3	−4	0
s^4	1	−3	−4	
s^3	4	−6	0	
s^2	−1.5	−4		
s^1	−16.7	0		
s^0	−4			

由于劳斯表第一列数值有一次符号变化，故本例系统不稳定，且有一个正实部根。如果解辅助方程 $F(s) = s^4 - 3s^2 - 4 = 0$，可以求出产生全零行的特征方程的根，为 ± 2 和 $\pm j$。如果直接求解给出的特征方程，其特征根应是 ± 2、$\pm j$ 以及 $(-1 \pm j\sqrt{3})/2$，表明劳斯表的判断结果是正确的。

4. 劳斯判据的应用

在线性控制系统中，劳斯判据主要用来判断系统的稳定性。如果系统不稳定，则劳斯判据并不能直接指出使系统稳定的方法；如果系统稳定，则劳斯判据也不能保证系统具备满意的动态性能。换句话说，劳斯判据不能表明系统特征根在 s 平面上相对于虚轴的距离。若负实部特征方程式的根紧靠虚轴，则由于 $|s_j|$ 或 $\zeta_k \omega_k$ 的值很小，系统动态过程将具有缓慢的非周期特性或强烈的振荡特性。为了使稳定的系统具有良好的动态响应，我们常常希望在 s 左半平面上系统特征根的位置与虚轴之间有一定的距离。为此，可在 s 左半平面上作一条 $s = -a$ 的垂线，而 a 是系统特征根位置与虚轴之间的最小给定距离，通常称为给定稳定度，然后用新变量 $s_1 = s + a$ 代入原系统特征方程，得到一个以 s_1 为变量的新特征方程，对新特征方程应用劳斯判据，可以判别系统的特征根是否全部位于 $s = -a$ 垂线之左。此外，应用劳斯判据还可以确定系统一个或两个可调参数对系统稳定性的影响，即确定一个或两个使系统稳定或使系统特征根全部位于 $s = -a$ 垂线之左的参数取值范围。

【例 2-7】一个比例-积分（PI）控制系统的结构如图 2-19 所示。其中，K_1 为与积分器时间常数有关的待定参数。已知参数 $\zeta = 0$ 及 $\omega_n = 86.6$，试用劳斯判据确定使闭环系统稳定的 K_1 取值范围。如果要求闭环系统的极点全部位于 $s = -1$ 垂线之左，问 K_1 取值范围应取多大？

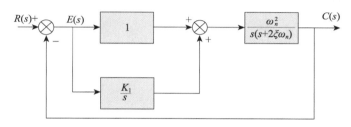

图 2-19　比例-积分控制系统

解：根据图 2-19 可写出系统的闭环传递函数

$$\Phi(s) = \frac{\omega_n^2 (s + K_1)}{s^3 + 2\zeta\omega_n s^2 + \omega_n^2 s + K_1 \omega_n^2}$$

因而，闭环特征方程为

$$D(s) = s^3 + 2\zeta\omega_n s^2 + \omega_n^2 s + K_1 \omega_n^2 = 0$$

代入已知的 ζ 与 ω_n，得

$$D(s) = s^3 + 34.6 s^2 + 7500 s + 7500 K_1 = 0$$

列出相应的劳斯表，如表 2-7 表示。

表 2-7　例 2-7 的劳斯表

s^3	1	7500
s^2	34.6	$7500 K_1$
s^1	$\dfrac{34.6 \times 7500 - 7500 K_1}{34.6}$	0
s^0	$7500 K_1$	

根据劳斯判据，令劳斯表中第一列各元为正，求得 K_1 取值范围：

$$0 < K_1 < 34.6$$

当要求闭环极点全部位于 $s = -1$ 垂线之左时，可令 $s = s_1 - 1$，代入原特征方程，得到新特征方程：

$$(s_1 - 1)^3 + 34.6(s_1 - 1)^2 + 7500(s_1 - 1) + 7500K_1 = 0$$

整理得

$$s_1^3 + 31.6s_1^2 + 7433.8s_1 + (7500K_1 - 7466.4) = 0$$

相应的劳斯表如表 2-8 所示。

表 2-8　例 2-7 的新劳斯表

s^3	1	7433.8
s^2	31.6	$7500K_1 - 7466.4$
s^1	$\dfrac{31.6 \times 7433.8 - (7500K_1 - 7466.4)}{31.6}$	0
s^0	$7500K_1 - 7466.4$	

令劳斯表中第一列各元为正，并使得全部闭环极点位于 $s = -1$ 垂线之左的 K_1 取值范围：

$$0 < K_1 < 32.3$$

2.3　系统传递函数模型

微分方程是在时域分析系统时的数学模型，它提供了分析问题的全部信息。在给定外作用和初始条件下，求解微分方程，可知系统的输出响应。这种分析方法很直观，例如，利用计算机进行求解，将能迅速而准确地得出方程的解。但是，当要研究系统的结构或参数变化对输出的影响时，利用这种方法，便要重新列写和求解微分方程，这既不方便，又很难求得一个规律性的结论。于是人们提出另外一个数学模型，即传递函数。这是在用拉普拉斯变换方法求解微分方程过程中引出的复域中的数学模型，它不仅能等同于微分方程来反映系统的输入、输出动态特性，而且能间接地反映结构、参数变化对系统输出的影响。后面章节中用频域法、复域法分析系统就是建立在传递函数基础上的，因此传递函数是一个极其重要的概念。

2.3.1　传递函数的概念

已知无源 RC 网络的微分方程为

$$T \frac{\mathrm{d}u_c(t)}{\mathrm{d}t} + u_c(t) = u_r(t)$$

设输入信号 $u_r(t) = u_{r0} \cdot 1(t)$，初始条件 $u_c(0) = u_{c0}$，则用拉普拉斯变换方法求解上述微分方程时，可得

$$TsU_c(s) - Tu_c(0) + U_c(s) = U_r(s)$$

$$U_c(s) = \frac{1}{Ts+1}U_r(s) + \frac{T}{Ts+1}U_{c0}$$

$$u_c(t) = u_{r0}(1 - \mathrm{e}^{-t/T}) + u_{c0}\mathrm{e}^{-t/T}$$

右端第一项为零状态响应，第二项为零输入响应。令初始条件为零，则上两式变为

$$U_c(s) = \frac{1}{Ts+1}U_r(s)$$

$$u_c(t) = u_{r0}(1 - \mathrm{e}^{-t/T})$$

RC 网络的输入与输出通过 $1/(Ts+1)$ 有一一对应关系，即当 $u_r(t)$ 给定时，$U_r(s)$ 是确定的。而 $U_c(s)$ 就完全由 $1/(Ts+1)$ 确定了，于是称 $1/(Ts+1)$ 为 RC 无源网络的传递函数，并表示为

$$G(s) = \frac{U_c(s)}{U_r(s)} = \frac{1}{Ts+1}$$

式中，$1/(Ts+1)$ 完全由 RC 网络的参数、结构决定，它是在复域中描写 RC 网络输入和输出动态关系的数学模型，经常用图 2-20 来表示它们之间的传递运算关系。

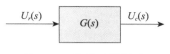

图 2-20　传递函数图示

方框 $G(s)$ 代表描述的 RC 网络，箭头指向方框的直线为输入信号线，$U_r(s)$ 为输入信号，箭头背向方框的直线为输出信号线，$U_c(s)$ 为输出信号，则方框中 $G(s)$ 对 $U_r(s)$ 的传递运算关系又可表示为

$$U_c(s) = G(s) \cdot U_r(s)$$

2.3.2　传递函数的定义

在前面用拉普拉斯（简称拉氏）变换求解 RC 无源网络的微分方程过程中，当令初始条件为零时，引出 RC 无源网络传递函数的概念，这对一般的元器件或系统也是适合的。设任一系统或元器件的微分方程如下：

$$a_0\frac{\mathrm{d}^n}{\mathrm{d}t^n}c(t) + a_1\frac{\mathrm{d}^{n-1}}{\mathrm{d}t^{n-1}}c(t) + \cdots + a_{n-1}\frac{\mathrm{d}}{\mathrm{d}t}c(t) + a_n c(t)$$

$$= b_0\frac{\mathrm{d}^m}{\mathrm{d}t^m}r(t) + b_1\frac{\mathrm{d}^{m-1}}{\mathrm{d}t^{m-l}}r(t) + \cdots + b_{m-1}\frac{\mathrm{d}}{\mathrm{d}t}r(t) + b_m r(t)$$

式中，$c(t)$ 为系统的输出；$r(t)$ 为系统的输入；$a_0, a_1, \cdots, a_n, b_0, b_1, \cdots, b_m$ 为与系统或元器件结构、参数有关的常系数。

在初始条件为零时，进行拉普拉斯变换，则

$$\left(a_0 s^n + a_1 s^{n-1} + \cdots + a_{n-1}s + a_n\right)C(s) = \left(b_0 s^m + b_1 s^{m-1} + \cdots + b_{m-1}s + b_m\right)R(s)$$

对传递函数进行如下定义：

线性定常系统（或元器件）的传递函数为在零初始条件下，系统（或元器件）的输出变量拉普拉斯变换与输入变量拉普拉斯变换之比。

这里的零初始条件包含两方面意思，一是输入作用是在 $t=0$ 以后才加于系统的，因此输入量及其各阶导数在 $t=0$ 时的值为零；二是输入信号作用于系统之前系统是静止的，即 $t=0^-$ 时，系统的输出量及其各阶导数为零。

2.3.3 关于传递函数的几点说明

传递函数是线性定常系统的一种输入、输出描述，它是线性定常微分方程通过拉普拉斯变换导出的，可作为线性定常系统的一种动态数学模型。

传递函数只取决于系统（或元器件）的结构和参数，与外界输入无关。

传递函数是关于复变量 s 的有理真分式，它的分子、分母的阶次关系如下：

$$n \geqslant m$$

一定的传递函数有一定的零极点分布图对应。把传递函数写成以下形式：

$$G(s) = \frac{M(s)}{D(s)} = \frac{K(s-z_1)(s-z_2)\cdots(s-z_m)}{(s-p_1)(s-p_2)\cdots(s-p_n)}$$

式中，$z_1, z_2, \cdots, z_m$ 为传递函数分子多项式 $M(s)$ 等于零时的根，称为传递函数的零点；$p_1, p_2, \cdots, p_n$ 为传递函数分母多项式 $D(s)$ 等于零时的根，称为传递函数的极点。

把传递函数的零点、极点分别用"○"和"×"表示在复平面上的图形称为传递函数零极点分布图，如图 2-21 所示。

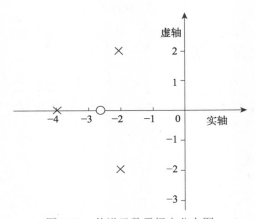

图 2-21　传递函数零极点分布图

传递函数的拉普拉斯反变换为该系统的脉冲响应函数，因为

$$C(s) = G(s) \cdot R(s)$$

当 $r(t) = \delta(t)$ 时，$R(s) = 1$，所以

$$c(t) = L^{-1}\big[C(s)\big] = L^{-1}\big[G(s) \cdot R(s)\big] = L^{-1}\big[G(s)\big]$$

$$k(t) = L^{-1}\big[G(s)\big]$$

当系统的输入是 $\delta(t)$ 时，系统的输出满足 $c(t) = k(t)$，如图 2-22 所示。

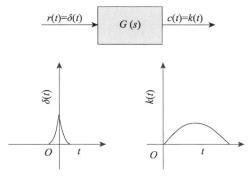

$$r(t)=\delta(t) \quad \boxed{G(s)} \quad c(t)=k(t)$$

图 2-22　系统脉冲响应

传递函数的描述有一定局限性。一方面，它只能研究单入、单出系统，对于多入、多出系统要用传递矩阵表示。另一方面，它只能表示输入变量、输出变量的关系，不能反映输入变量与各中间变量的关系，于是无法得知系统内部其他各变量，这正是经典控制理论的不足之处，现代控制理论的状态空间法将弥补这个缺陷。此外，它只能研究零初始状态的系统运动特性，不能反映非零初始状态的系统运动特性。对于这种情况，只能由传递函数返回到微分方程，在考虑初始条件下用拉普拉斯变换法求出系统输出响应。

2.3.4　典型元器件的传递函数

控制系统是由各种元器件组成的，它们可以是电子的、机械的、液压的、气动的等元器件。为了求得整个系统的传递函数，首先必须求得各个元器件的传递函数。这里介绍几种常见的元器件传递函数，根据实际需要可以查阅有关资料。

1. 电位器

电位器是把角位移或线位移变成电压信号的装置，如图 2-23 所示。在空载时，电位器的转向角 $\theta(t)$ 与输出电压 $u(t)$ 的关系是

$$u(t) = K_1\theta(t)$$

$$K_1 = \frac{E}{\theta_{\max}}$$

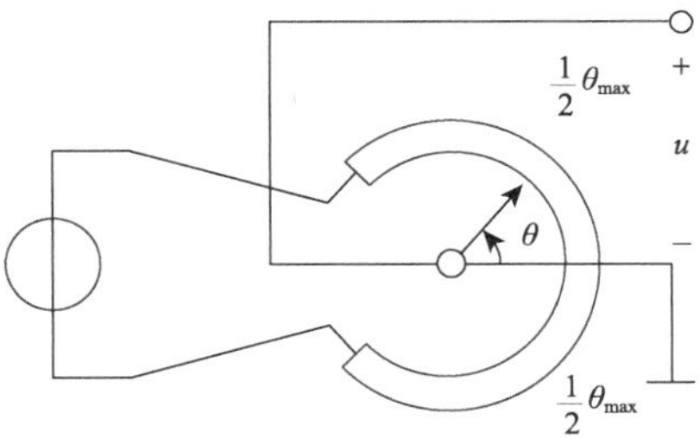

图 2-23　电位器

式中，E 为电源电压，单位为 V；$\theta_{\max}$ 为电位器最大工作角度，单位为 rad；K_1 为电位器传递系数，单位为 V/rad。进行拉普拉斯变换，可得其传递函数：

$$\frac{U(s)}{\Theta(s)} = K_1$$

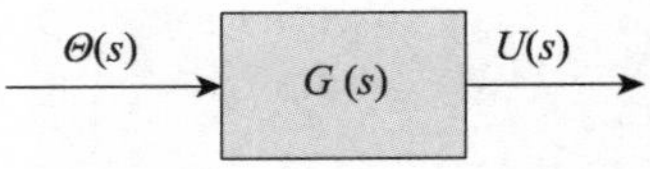

电位器方框图如图 2-24 所示。

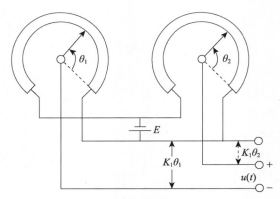
图 2-24　电位器方框图

2. 电位器电桥

电位器电桥是由两个相同电位器组成的误差信号检测器，如图 2-25 所示。

图 2-25　电位器电桥

电位器电桥的输出电压为

$$u(t) = u_1(t) - u_2(t) = K_1\left[\theta_1(t) - \theta_2(t)\right] = K_1\Delta\theta(t)$$

式中，K_1 为单个电位器传递系数，单位为 V/rad；$\Delta\theta = \theta_1(t) - \theta_2(t)$ 为误差角，单位为 rad。

对其进行拉普拉斯变换，得电位器电桥的传递函数：

$$\frac{U(s)}{\Delta\Theta(s)} = K_1$$

电位器电桥方框图如图 2-26 所示。

从上面的输入、输出关系推导中可知，单个电位器或电位器电桥在空载时是线性元器件，但是，在实际应用中都要与负载相连，这时负载对输出特性将产生影响，这就是负载效应问题，电路如图 2-27 所示。

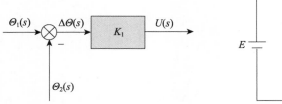

图 2-26　电位器电桥方框图

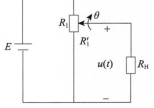

图 2-27　负载效应电路

图 2-27 中的 R_1 为电位器电阻，R_H 为负载电阻，这时电位器的输出电压 $u(t)$ 为

$$u(t) = \frac{E}{(R_1 - R_1') + \dfrac{R_1'R_H}{R_1' + R_H}} \cdot \frac{R_1'R_H}{R_1' + R_H} = \frac{E}{\dfrac{R_1}{R_1'} + \dfrac{R_1}{R_H}\left(1 - \dfrac{R_1'}{R_1}\right)} = \frac{E\theta(t)}{\theta_{max}\left[1 + \dfrac{R_1}{R_H}\dfrac{\theta(t)}{\theta_{max}}\left(1 - \dfrac{\theta(t)}{\theta_{max}}\right)\right]}$$

由上式可见，由于有了负载电阻 R_H，电位器的输入信号、输出信号关系不再是线性关系了，也就求不出传递函数了。只有当 $R_H \gg R_1$ 时（一般取 $R_H \geq 10R_1$），关系式 $u(t) = K_1\theta(t)$ 才成立。

3. 无源网络

为了改善系统的性能，在系统中引入无源网络作为校正元器件。无源网络通常由电阻、电容、电感组成，利用电路理论可方便地求出其动态方程，对其进行拉普拉斯变换求出传递函数。这里需要说明，求无源网络的传递函数可以不通过求动态方程、进行拉普拉斯变换的方法，而直接用复数阻抗。电阻、电容、电感的复数阻抗分别为 R、$1/Cs$、Ls，它们的串、并联运算关系类同电阻。例如，RC 无源网络如图 2-28 所示，如用复数阻抗表示，输入信号、输出信号的关系式为 $U_c(s) = \dfrac{U_r(s)}{R + \dfrac{1}{Cs}} \cdot \dfrac{1}{Cs} = \dfrac{U_r(s)}{RCs + 1}$。

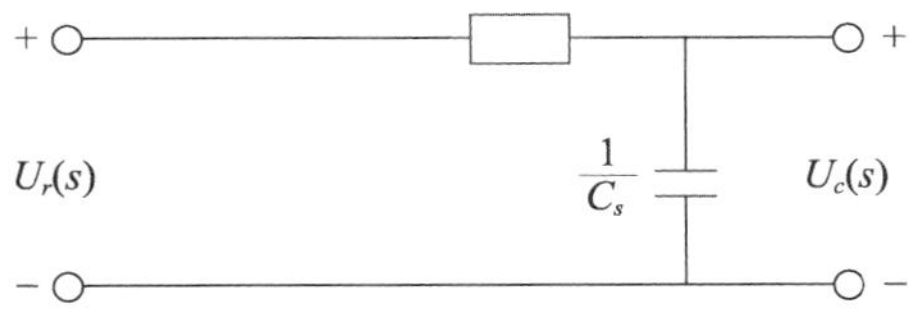

图 2-28　RC 无源网络

所以

$$\frac{U_c(s)}{U_r(s)} = \frac{1}{RCs + 1} = \frac{1}{Ts + 1}$$

显然，用这种方法求传递函数比用拉普拉斯变换方法简单。

另外，求无源网络传递函数时也要注意负载效应。一般认为负载阻抗是无穷大的，这是因为无源网络在系统中处在运算放大器之前，否则要考虑负载效应。

4. 测速发电机

测速发电机是将角速度信号转换成电压信号的测速装置，在机电伺服系统中常用它来作为局部反馈元器件。

直流测速发电机的转子与待测轴相连，输出与转子转轴角速度成正比的电压信号，如图 2-29 所示。交流测速发电机有两个互相垂直放置的线圈，如图 2-30 所示，一个是励磁绕组，接入一定频率的正弦额定电压信号；另一个是输出绕组，当转子旋转时，输出绕组产生

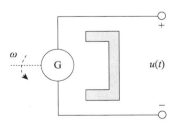

图 2-29　直流测速发电机

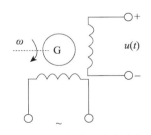

图 2-30　交流测速发电机

与转子转轴转速成比例的交流电压信号，其频率与励磁绕组的电压频率相同。如输出电压的包络用 $u(t)$ 表示，则两种电机的输出信号、输入信号关系都可以表示为

$$u(t) = K_t \frac{\mathrm{d}\theta(t)}{\mathrm{d}t} = K_t \omega(t)$$

传递函数为

$$\frac{U(s)}{\Theta(s)} = K_t s$$

或

$$\frac{U(s)}{\Omega(s)} = K_t$$

式中，$u(t)$ 为输出电压信号，单位为 V；$\theta(t)$ 为电机转子轴角位移，单位为 rad；$\omega(t)$ 为电机转子轴角速度，单位为 rad/s；K_t 为测速发电机输出斜率，单位为 V/rad/s。

测速发电机方框图如图 2-31 所示。

图 2-31　测速发电机方框图

2.4　MWORKS控制系统模型的建立

大部分控制系统分析与设计的方法都需要假设系统的模型已知，而获得数学模型有两种方法：

（1）从已知的物理规律出发，用数学推导的方式建立系统的数学模型；

（2）由实验数据拟合系统的数学模型（系统辨识）。

线性系统一般可以用传递函数模型、状态空间模型、零极点增益模型。

2.4.1　传递函数模型

连续时间动态系统一般以微分方程描述，而 LT 系统则以定常系数线性常微分方程描述。假设系统的输入信号为 $u(t)$，输出信号为 $y(t)$，则 n 阶系统的微分方程为

$$a_n \frac{\mathrm{d}^n y(t)}{\mathrm{d}t^n} + a_{n=1} \frac{\mathrm{d}^{n-1} y(t)}{\mathrm{d}t^{n-1}} + \cdots + a_1 \frac{\mathrm{d}y(t)}{\mathrm{d}t} + a_0 y(t)$$

$$= b_m \frac{\mathrm{d}^m u(t)}{\mathrm{d}t^m} + b_{m-1} \frac{\mathrm{d}^{m-1} u(t)}{\mathrm{d}t^{m-1}} + \cdots + b_1 \frac{\mathrm{d}u(t)}{\mathrm{d}t} + b_0 u(t), \quad n \geq m$$

系统输入变量与输出变量的拉普拉斯变换之比即其传递函数：

$$G(s) = \frac{Y(s)}{U(s)} = \frac{b_m s^m + b_{m-1} s^{m-1} + \cdots + b_1 s + b_0}{a_n s^n + a_{n-1} s^{n-1} + \cdots + a_1 s + a_0}, \quad n \geq m$$

传递函数可以表示成两个多项式的比值，在 Syslab 中，多项式可以用向量表示，将多项式的系数按 s 的降幂次序表示可得到一个数值向量，分别用 num 与 den 表示分子多项式、分母多项式，再利用 tf() 函数即可创建系统传递函数。

```
num = [bm,... bl,bo]
den = [an,... al,ao]
#  通过指定分子分母多项式系数创建传递函数
G = tf(num,den)
```

【例 2-8】在 Syslab 中建立传递函数模型：

$$G(s) = \frac{12s^3 + 24s^2 + 12s + 20}{2s^4 + 4s^3 + 6s^2 + 2s + 2}$$

```
#方式一
num = [12,24,12,20]
den = [2,4,6,2,2]
G = tf(num,den)

#方式二
G = tf([12,24,12,20],[2,4,6,2,2])
```

输出：

```
12s^3 + 24s^2 + 12s + 20
---------------------------
2s^4 + 4s^3 + 6s^2 + 2s + 2
```

如果传递函数分子多项式、分母多项式给出的不是完全展开的形式，而是若干因式的乘积或者包括其他运算，那么可以定义拉普拉斯算子：s=tf('s')，然后用类似数学表达式的形式直接输入。

【例 2-9】在 Syslab 中建立传递函数模型：

$$G(s) = \frac{3(s^2 + 3)}{(s+2)^3(s^2 + 2s + 1)(s^2 + 5)}$$

```
s = tf('s')    #定义拉普拉斯算子
G = 3*(s^2+3)/((s+2)^3*(s^2+2*s+1)*(s^2+5))
```

输出：

```
3s^2 +9
--------------------------------------------------
s^7 + 8s^6 + 30s^5 + 78s^4 + 153s3 + 198s2 + 140s + 40
```

离散时间动态系统一般以差分方程描述，线性时不变系统以定系数线性差分方程描述，对于离散单输入单输出系统，设定采样周期为 T，系统的输入信号为 $u(i)$，输出信号为 $y(i)$，则相应差分方程为

$$a_n y(i+n) + a_{n-1} y(i+n-1) + \cdots + a_1 y(i+1) + a_0 y(i)$$
$$= b_m u(i+m) + b_{m-1} u(i+m-1) + \cdots + b_1 u(i+1) + b_0 u(i)$$

对上述方程进行 z 变换，得到离散系统传递函数：

$$H(z) = \frac{Y(z)}{U(z)} = \frac{b_m z^m + b_{m-1} z^{m-1} + \cdots + b_1 z + b_0}{a_n z^n + a_{n-1} z^{n-1} + \cdots + a_1 z + a_0}, \quad n \geqslant m$$

在 Syslab 中，同样使用 tf() 函数创建离散系统传递函数，与创建连续系统传递函数不同的是，创建离散系统传递函数需要同时指定采样时间 T。

```
num = [bm,... bl,bo]
den = [an,... al,ao]
# 指定分子多项式、分母多项式系数、采样时间
G = tf(num,den,ts)
```

【例 2-10】在 Syslab 中建立离散系统传递函数模型，其采样周期为 $T = 0.1\text{s}$。

$$H(z) = \frac{6z^2 - 0.6z - 0.12}{z^4 - z^3 + 0.25z^2 + 0.25z - 0.125}$$

```
num = [6    -0.6    -0.12]
den = [1    -1    0.25    0.25    -0.125]
H = tf(num,den ,0.1)
```

输出：

```
6.0z^2 - 0.6z - 0.12
---------------------------------------------
1.0z^4 - 1.0z^3 + 0.25z^2 + 0.25z - 0.125
```

多变量系统模型的一种表述形式为传递函数矩阵，这是单变量系统传递函数在多变量系统中的直接扩展，一般可写为

$$\boldsymbol{G}(s) = \begin{bmatrix} G_{11}(s) & G_{12}(s) & \cdots & G_{1n}(s) \\ G_{21}(s) & G_{22}(s) & \cdots & G_{2n}(s) \\ \vdots & \vdots & \ddots & \vdots \\ G_{m1}(s) & G_{m2}(s) & \cdots & G_{mn}(s) \end{bmatrix}$$

式中，$G_{i,j}(s)$ 为第 i 路输入信号对第 j 路输出信号的放大倍数。

【例 2-11】构建以下多变量系统的传递函数矩阵。

$$\boldsymbol{G}(s) = \begin{bmatrix} \dfrac{s-1}{s+1} & \dfrac{100}{(s+4)(s+10.625)} \\ \dfrac{s+2}{s^2+4s+5} & \dfrac{s+2}{s^3+4s+20} \end{bmatrix}$$

```
s = tf('s')
G11 = tf([1,-1],[1,1])
G12 = 100/((s+4)*(s+10.625))
G21 = tf([1,2],[1,4,5])
G22 = tf([1,2],[1,0,4,20])
# 通过知阵命令构造传递函数矩阵
G = [G11 G12; G21 G22]
```

输出：

```
输入 1 到输出 1
1.0s-1.0
--------------
1.0s+1.0
输入 1 到输出 2
1.0s+2.0
--------------------
1.0s^2 + 4.0s + 5.0
输入 2 到输出 1
100.0
-----------------------
1.0s^2 + 14.625s + 42.5
输入 2 到输出 2
1.0s+2.0
--------------------
1.0s^3 + 4.0s + 20.0
```

方式一：通过创建的子传递函数构建多输入多输出系统传递函数矩阵。

方式二：通过分子向量、分母向量构成的矩阵构建多输入多输出系统传递函数矩阵。

【例 2-12】构建以下离散多输入多输出系统的传递函数矩阵，采样时间为 ts = 0.2s。

$$\boldsymbol{H}(z) = \begin{bmatrix} \dfrac{1}{z+0.3} & \dfrac{z}{z+0.3} \\ \dfrac{-z+2}{z+0.3} & \dfrac{3}{z+0.3} \end{bmatrix}$$

```
nums = [[[1]] [[1,0]]; [[-1,2]] [[3]]]
dens = [[[1,0.3]] [[1,0.3]]; [[1,0.3]] [[1,0.3]]]
ts = 0.2
H = tf(nums , dens , ts)
```

输出：

```
输入 1 到输出 1
1.0
------------
1.0z + 0.3
输入 1 到输出 2
```

```
-1.0z + 2.0
--------------
1.0z + 0.3
输入 2 到输出 1
1.0z
--------------
1.0z + 0.3
输入 2 到输出 2
3.0
--------------
1.0z + 0.3
Sample Time： 0.2 (seconds)
```

2.4.2 状态空间模型

状态空间模型可以描述更广的一类控制系统，包括非线性系统、多输入多输出系统。针对连续时间线性时不变系统，状态空间模型可以描述为

$$\begin{cases} \dot{x}(t) = Ax(t) + Bu(t) \\ y(t) = Cx(t) + Du(t) \end{cases}$$

针对离散时间线性时不变系统，状态空间模型可以描述为

$$\begin{cases} x[n+1] = Ax[n] + Bu[n] \\ y[n] = Cx[n] + Du[n] \end{cases}$$

【例 2-13】构建以下双输入双输出系统状态空间模型。

$$\dot{x}(t) = \begin{bmatrix} -12 & -17.2 & -16.8 & -11.9 \\ 6 & 8.5 & 9.5 & 8 \\ 5 & 8.7 & 3.5 & 6 \\ -6 & -6.5 & -9.7 & -5 \end{bmatrix} x(t) + \begin{bmatrix} 2.5 & 0.1 \\ 2 & 0.5 \\ 3 & 1 \\ 0 & 0.5 \end{bmatrix} u(t)$$

$$y(t) = \begin{bmatrix} 2 & 3 & 0.8 & 0 \\ 0.5 & 0.56 & 0.3 & -1 \end{bmatrix} x(t)$$

```
A = [-12 -17.2 -16.8 -11.9;6 8.5 9.5 8;5 8.7 3.5 6; -6 -6.5 -9.7 -5]
B = [2.5 0.1;2 0.5;3 1;0 0.5]
C = [2 3 0.8 0;0.5 0.56 0.3 -1]
D = zeros(2,2)
G=ss(A,B,C,D)
```

输出：

```
A=
-12.0 -17.2 -16.8 -11.9
6.0 8.5 9.5 8.0
5.0 8.7 3.5 6.0
```

```
-6.0 -6.5 -9.7 -5.0
B=
2.5 0.1
2.0 0.5
3.0 1.0
0.0 0.5
C=
2.0 3.0 0.8 0.0
0.5 0.56 0.3 -1.0
D=
0.0 0.0
0.0 0.0
```

针对离散时间状态空间模型的创建，同样使用 ss 函数，G = ss(A, B, c, D, ts)，增加 ts 以指定采样时间即可。

2.4.3 零极点增益模型

零极点增益模型实际上是传递函数的一种特殊形式，它将系统表示为零点（zeros）、极点（poles）和增益（gain）相乘的形式：

$$G\left(s\right)=k\frac{\prod_{i=1}^{m}\left(s+z_i\right)}{\prod_{j=1}^{n}\left(s+p_j\right)}=k\frac{\left(s+z_1\right)\left(s+z_2\right)\cdots\left(s+z_m\right)}{\left(s+p_1\right)\left(s+p_2\right)\cdots\left(s+p_n\right)}$$

式中，k 为系统增益；$-z_i(i=1,2,\cdots,m)$ 为系统零点；$-p_j(j=1,2,\cdots,n)$ 为系统极点。

【例 2-14】构建以下零极点增益模型：

$$G\left(s\right)=\frac{-2s}{\left(s-1-i\right)\left(s-1+i\right)\left(s-2\right)}$$

```
z = [0]
p = [1 - 1im, 1 + 1im, 2]
k = -2
sys = zpk(z, p, k)
```

输出：

```
         s
-2 -----------------------
   (s^2 - 2s + 2)(s - 2)
```

本 章 小 结

本章深入研究了控制系统建模与仿真的理论基础，涵盖了多个关键主题，包括控制工程领域的简介及自动控制在现代社会中的广泛应用。系统稳定性是控制系统设计的核心概念，对于确保系统的安全性和可控性至关重要。分析系统的动态性能指标，首先要对系统建模，提供了解系统的传递模型以及模型的分析方法，构建起描述系统输入变量与输出变量之间关系的数学方程，方便对系统进行分析和设计。

最后，简单介绍了 MWORKS 中进行控制系统建模的基础方法，后续的章节会根据自动控制原理的分析理论和方法，逐步介绍 MWORKS 中控制系统的函数和进阶应用，以帮助读者在今后的学习和工作中不断深化对控制系统的理解，注重理论与实践相结合，提高综合能力。

习 题 2

2.1　已知单输入单输出系统传递函数为 $\dfrac{s}{s^2+2s+5}$，试用 MWORKS.Syslab 表示该传递函数，并获取其属性。

2.2　创建单输入单输出零极点模型 $h(s)=\dfrac{-s}{(s-1+j)(s-1-j)(s-2)}$。

2.3　将传递函数模型 $H(s)=\dfrac{2s^2+3s}{s^2+0.4s+1}$ 转换为零极点增益模型。

2.4　将多输入多输出传递函数矩阵 $\boldsymbol{H}(s)=\begin{bmatrix}\dfrac{-1}{s} & \dfrac{3(s+5)}{(s+1)} \\[3mm] \dfrac{2\left(s^2-2s+2\right)}{(s-1)(s-2)(s-3)} & 0\end{bmatrix}$ 转化为零极点增益模型。

2.5　将给定的传递函数矩阵 $\boldsymbol{H}(s)=\begin{bmatrix}\dfrac{s+1}{s^3+3s^2+3s+2} \\[3mm] \dfrac{s^2+3}{s^2+s+1}\end{bmatrix}$ 转化为状态空间函数模型。

2.6　将以下给定状态空间模型矩阵转化为传递函数模型。

$$\boldsymbol{A}=\begin{bmatrix}-3 & -1 \\ 1 & -3\end{bmatrix},\ \boldsymbol{B}=\begin{bmatrix}1 & 1 \\ 3 & -1\end{bmatrix},\ \boldsymbol{C}=\begin{bmatrix}2 & 0\end{bmatrix},\ \boldsymbol{D}=\begin{bmatrix}0 & 1\end{bmatrix}$$

2.7　已知两个系统的传递函数分别为 $G_1=\dfrac{s+5}{s^2+s-2}$ 和 $G_2=\dfrac{1}{(s-3)(s-2)}$，分别求将两个系统串联或并联后的传递函数。

2.8　对以下两个给定的传递函数模型进行反馈连接。

$$G(s)=\dfrac{2s^2+5s+1}{s^2+2s+3},\quad H(s)=\dfrac{5(s+2)}{s+10}$$

第 3 章
基于 MWORKS 的控制
系统时域分析

本章主要介绍利用 MWORKS 进行控制系统时域分析的方法和技术。时域分析是评估和分析控制系统动态响应的重要手段，它可以帮助我们了解系统的稳定性、快速性和准确性等关键指标。

本章首先介绍时域分析的基本概念和原理，包括时域响应、单位阶跃响应、脉冲响应等，并解释这些概念在控制系统分析中的意义和应用，然后详细介绍如何利用 MWORKS 进行时域分析，包括输入信号的生成、系统响应的测量和分析等。

在学习本章的过程中，读者将学会如何使用 MWORKS 进行时域分析，包括生成不同类型的输入信号、测量系统的时域响应、绘制和分析单位阶跃响应和脉冲响应等。同时，本章还通过实际案例的分析，展示 MWORKS 在控制系统时域分析中的应用，以帮助读者理解时域分析的实际意义和应用场景。

通过本章学习，读者可以了解（或掌握）：

❖ 时域分析的基本概念和原理；

❖ 如何使用 MWORKS 进行时域分析；

❖ 如何使用时域分析来评估系统的稳定性；

❖ 系统时域性能指标的设计。

3.1 时域响应分析

控制系统性能的评价指标分为动态性能指标和稳态性能指标两类。为了求解系统的时间响应，必须了解输入信号（外作用）的解析表达式。线性系统的时间响应通常分为稳态响应和瞬态响应。稳态响应是指时间 T 趋于无穷大时系统的输出响应。瞬态响应是指系统从初始状态到最终状态的响应过程，即时间变为无穷大时，系统响应趋于 0 的部分。

瞬态响应反映了系统在输入信号作用下其状态发生变化的过程，描述系统的动态性能；稳态响应则反映出系统在输入信号作用下最后达到的状态，描述了系统的稳态性能，它们都与输入信号有关。为了便于对系统进行分析、设计和比较，对系统常遇到的输入信号形式进行近似和抽象，得到的理想化的基本输入函数，称为典型输入信号。这些典型输入信号是实际外部作用的一种近似和抽象，同时具有方便的数学运算形式。

3.1.1 典型输入信号

一般来说，我们是针对某一类输入信号来设计控制系统的。某些系统，例如室温系统或水位调节系统，其输入信号为要求的室温或水位高度，这是设计者所熟知的。但是在大多数情况下，控制系统的输入信号以无法预测的方式变化。例如，在防空火炮系统中，敌机的位置和速度无法预料，这就使火炮控制系统的输入信号具有了随机性，从而给规定系统的性能要求以及分析和设计工作带来了困难。为了便于进行分析和设计，同时也为了便于对各种控制系统的性能进行比较，我们需要假定一些基本的输入函数形式，称为典型输入信号。控制系统中常用的典型输入信号有脉冲函数、阶跃函数、斜坡（速度）函数、抛物线（加速度）函数和正弦函数。这些函数都是简单的时间函数，便于进行数学分析和实验研究。

1. 脉冲函数

脉冲函数的数学表达式为

$$r(t) = \begin{cases} 0, & t < 0 \text{ 或 } t > \varepsilon \\ \dfrac{A}{\varepsilon}, & 0 < t < \varepsilon \end{cases} \tag{3-1}$$

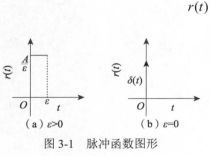

（a）$\varepsilon > 0$　　　　（b）$\varepsilon = 0$

图 3-1　脉冲函数图形

脉冲函数图形如图 3-1 所示。脉冲函数在理论上是一个脉宽时间 t 趋近于 0，而幅度趋近于无穷大的脉冲，这是数学上的概念。实际上，它可以被视为一个作用时间极短的脉冲或扰动，例如突然受到瞬间扰动的电源电压。当 $A = 1$ 时，它称为单位脉冲函数，记为 $\delta(t)$，其拉普拉斯变换为 $R(s) = L[\delta(t)] = 1$。

2. 阶跃函数

阶跃函数的数学表达式为

$$r(t) = \begin{cases} 0, & t < 0 \\ A, & t \geqslant 0 \end{cases} \tag{3-2}$$

式中，A 为常数，表示阶跃函数的幅值。

阶跃函数图形如图 3-2 所示。在实际应用中，阶跃函数通常表示系统的恒值输入信号。当 $A=1$ 时，它称为单位阶跃函数，记为 $1(t)$ 或 $u(t)$。由 $1(t)$ 表示的阶跃函数为

$$r(t) = A \cdot 1(t)$$

阶跃函数在零初始条件下的拉普拉斯变换为 $\dfrac{A}{s}$，单位阶跃函数在零初始条件下的拉普拉斯变换为 $\dfrac{1}{s}$。

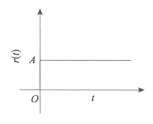

图 3-2　阶跃函数图形

3. 斜坡函数

斜坡函数也称为速度函数，其数学表达式为

$$r(t) = \begin{cases} 0, & t < 0 \\ At, & t \geqslant 0 \end{cases} \tag{3-3}$$

式中，A 为常量。

斜坡函数图形如图 3-3 所示。当 $A=1$ 时，它称为单位斜坡函数。斜坡函数在零初始条件下的拉普拉斯变换为 $\dfrac{A}{s^2}$，单位斜坡函数在零初始条件下的拉普拉斯变换为 $\dfrac{1}{s^2}$。

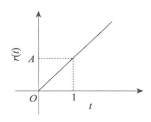

图 3-3　斜坡函数图形

4. 抛物线函数

抛物线函数也称为加速度函数，其数学表达式为

$$r(t) = \begin{cases} 0, & t < 0 \\ At^2, & t \geqslant 0 \end{cases} \tag{3-4}$$

式中，A 为常量。

抛物线函数图形如图 3-4 所示。当 $A=\dfrac{1}{2}$ 时，它称为单位抛物线函数。抛物线函数在零初始条件下的拉普拉斯变换为 $\dfrac{2A}{s^3}$，单位抛物线函数在零初始条件下的拉普拉斯变换为 $\dfrac{1}{s^3}$。

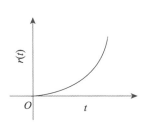

图 3-4　抛物线函数图形

5. 正弦函数

正弦函数的数学表达式为

$$r(t) = A \sin \omega t \tag{3-5}$$

式中，A 为振幅；ω 为角频率。

正弦函数的拉普拉斯变换为 $\dfrac{A\omega}{s^2+\omega^2}$ ，振幅为 1 的正弦函数的拉普拉斯变换为 $\dfrac{\omega}{s^2+\omega^2}$ 。

输入信号如果是正弦函数或者类似于正弦函数的周期函数，可以用幅值和频率适当的正弦函数来描述。研究控制系统的频率特性时，输入信号用的便是频率可调的正弦信号。

实际应用时究竟采用哪种典型输入信号，取决于系统常见的工作状态。同时，在所有可能的输入信号中，往往选取最不利的信号作为系统的典型输入信号。这种处理方法在许多场合是可行的。例如，室温调节系统和水位调节系统以及工作状态突然改变或突然受到恒定输入作用的控制系统，都可以采用阶跃函数作为典型输入信号；对于跟踪通信卫星的天线控制系统以及输入信号随时间恒速变化的控制系统，斜坡函数是比较合适的典型输入信号；抛物线函数可用来作为宇宙飞船控制系统的典型输入信号；控制系统的输入信号若是冲击输入量，则采用脉冲函数最为合适；当系统的输入作用周期性变化时，可选择正弦函数作为典型输入信号。同一系统中，不同形式的输入信号所对应的输出响应是不同的，但对于线性控制系统来说，它们所表征的系统性能是一致的。通常以单位阶跃函数作为典型输入信号，则可在一个统一的基础上对各种控制系统的特性进行比较和研究。

应当指出，有些控制系统的实际输入信号是变化无常的随机信号，例如，定位雷达天线控制系统的输入信号中既有运动目标的不规则信号，又包含许多随机噪声分量，此时就不能用上述确定性的典型输入信号去代替实际输入信号，而必须采用随机过程理论进行处理。

为了评价线性系统时间响应的性能指标，需要研究控制系统在典型输入信号作用下的时间响应过程。

3.1.2　时域性能指标

常用的时域性能指标主要是对阶跃响应来定义的。控制系统的时间响应过程，从时间顺序上，可以分为过渡过程和稳态过程。过渡过程是指系统从初始状态到接近最终状态的响应过程；稳态过程是指时间 T 趋于无穷时系统的输出过程。研究系统的时间响应，必须对过渡过程和稳态过程的特点和性能以及有关描述这两个过程的指标进行探讨。

一般认为，跟踪和复现阶跃作用对系统来说是较为严格的工作条件，故通常以阶跃响应来衡量系统控制性能的优劣和定义时域性能指标。控制系统的阶跃响应性能指标如下所述，可参考图 3-5 去理解。

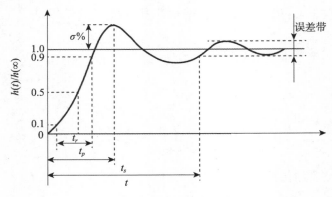

图 3-5　控制系统的阶跃响应

上升时间 t_r：指单位阶跃响应曲线 $h(t)$ 从稳态值的 10% 上升到 90% 所需要的时间（也指从零上升到稳态值所需要的时间）。

峰值时间 t_p：指单位阶跃响应曲线 $h(t)$ 超过其稳态值而达到第一个峰值所需要的时间。

超调量 $\sigma\%$：指在响应过程中超出稳态值的最大偏离量和稳态值之比。

调节时间 t_s：在单位阶跃响应曲线的稳态值附近，取 ±5%（有时也取 ±2%）作为误差带，响应曲线达到并不再超出该误差带的最小时间，称为调节时间或过渡过程时间。调节时间 t_s 标志着过渡过程结束，系统响应进入稳态过程。

稳态误差 e_{ss}：当时间 T 趋于无穷时，系统单位阶跃响应的实际值（稳态值）与期望值之差，一般定义为稳态误差。

以上性能指标中，上升时间 t_r 和峰值时间 t_p 均表征系统响应初始阶段的快速性；调节时间 t_s 表示系统过渡过程的持续时间，从总体上反映了系统的快速性；最大超调量 $\sigma\%$ 反映了系统动态过程的平稳性。这些指标描述了瞬态响应过程，反映了系统的动态性能，所以又称为动态性能指标。单调变化的阶跃响应曲线上有一些性能指标是不存在的，如上升时间、峰值时间、最大超调量等。

3.2　MWORKS时域分析函数

时域分析是一种最直观、最直接的分析。一般可以为控制系统预先规定一些特殊的输入信号，然后比较各种系统对这些信号的响应情况。

3.2.1　阶跃响应

MWORKS 中处理阶跃响应的函数为 step()，其调用方式及说明如表 3-1 所示。

① 对于稳定系统，通常在系统阶跃响应曲线上来定义系统动态性能指标。

② 系统的单位阶跃响应不仅完整反映了系统的动态特性，而且反映了系统在单位阶跃信号输入下的稳定状态；同时，单位阶跃信号又是一种最简单、最容易实现的信号。

表 3-1　step()调用方式及说明

step()调用方式	说明
step(sys)	计算并直接返回系统的阶跃响应图，其中 sys 可以是 tf、ss、zpk
step(sys,t)	计算 t 指定时间内的阶跃响应。若 t 为标量，则计算[0,t]内的阶跃响应；若 t 为向量，则计算各点的阶跃响应。示例：step(G,5) step(G,0:0.1:10)
step(sys,fmt)	计算并直接返回系统阶跃响应图。fmt 为绘图样条设置字符串。示例： step(G,"-bo",linewidth=1,markersize=5,…) step(G,"-r",linewidth=1,ishold=true,…) # 将图形绘制在已有 figure 上
res = step(sys,t,fig=flase)	计算阶跃响应，生成的 res 响应为 SimResult 结构体，不绘制响应图，其中： res,t：时间向量 res.y：响应数组
y,t,x=step(sys,t,fig=flase)	计算阶跃响应，y 为响应数组，t 为时间向量，x 为状态数组

【例 3-1】计算并绘制以下系统的阶跃响应图。

$$G(s) = \frac{2s + 25}{s^2 + 4s + 25}$$

```
G = tf([2 25],[1,4,25])
# 阶跃响应基础绘图
step(G,3.5)
```

程序输出结果如图 3-6 所示。

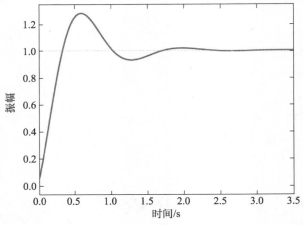

图 3-6　例 3-1 程序输出结果（1）

```
# 图形修饰
step(G,0:0.05:3.5, "-o",linewidth= 1,markersize= 5,markeredgecolor = "#0072BD",markerfacecolor = "#EDB120")
xlabel("时间/s")
ylabel("幅值")
```

程序输出结果如图 3-7 所示。

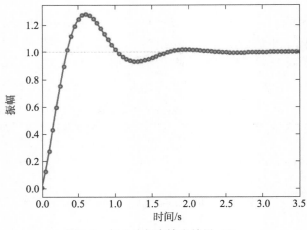

图 3-7　例 3-1 程序输出结果（2）

```
# 多个系统阶跃响应绘图叠加
step(G, 3.5, "-k")
step(c2d(G, 0.1), 3.5, "-b", ishold=true)
xlabel("时间/s")
ylabel("幅值")
```

程序输出结果如图 3-8 所示。

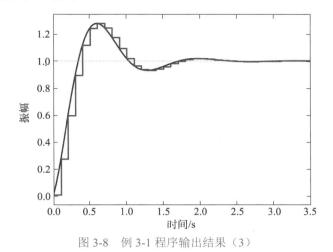

图 3-8　例 3-1 程序输出结果（3）

```
# 获取输出结构体数据
res=step(G,3.5,fig = false)

# 获取结果数据
julia> res[1]
1×101 Matrix{Float64}:
 0.0  0.0795734  0.174988  0.281454  0.394494  0.510026  0.624432  …  1.00112  1.00115  1.00115  1.00111
1.00105  1.00096  1.00086

# 获取时间数据
julia> res[2]'
1×101 adjoint(::Vector{Float64}) with eltype Float64:
 0.0  0.035  0.07  0.105  0.14  0.175  0.21  0.245  0.28  0.315  0.35  …  3.185  3.22  3.255  3.29  3.325  3.36
3.395  3.43  3.465  3.5
```

【例 3-2】计算并绘制以下双输入双输出系统的阶跃响应图。

$$\begin{bmatrix} \dot{x}_1 \\ \dot{x}_2 \end{bmatrix} = \begin{bmatrix} -1 & -1 \\ 6.5 & 0 \end{bmatrix} \begin{bmatrix} x_1 \\ x_2 \end{bmatrix} + \begin{bmatrix} 1 & 1 \\ 1 & 0 \end{bmatrix} \begin{bmatrix} u_1 \\ u_2 \end{bmatrix}$$

$$\begin{bmatrix} y_1 \\ y_2 \end{bmatrix} = \begin{bmatrix} 1 & 0 \\ 0 & 1 \end{bmatrix} \begin{bmatrix} x_1 \\ x_2 \end{bmatrix} + \begin{bmatrix} 0 & 0 \\ 0 & 0 \end{bmatrix} \begin{bmatrix} u_1 \\ u_2 \end{bmatrix}$$

```
# 定义系统矩阵
A = [-1 -1;6.5 0]
B = [1 1;1 0]
C = [1 0;0 1]
D = zeros(2,2)
# 创建状态空间模型
G= ss(A,B,C,D)
# 计算系统阶跃响应
step(G)
xlabel("时间/s")
ylabel("振幅")
```

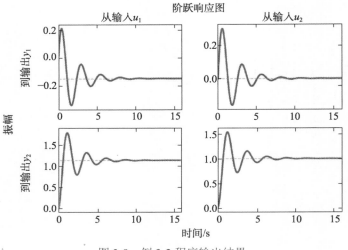

图 3-9 例 3-2 程序输出结果

```
# 获取输出结构体数据
res = step(G,fig=false)
# 获取结果数据
julia> res[1]
2×174×2 Array{Float64, 3}:
[:, :, 1] =
    0.0  0.0830874  0.14644   0.188473  0.208858  0.208431  0.189046  …  −0.153652  −0.153655  −0.153668
−0.153689  −0.153717  −0.153749
    0.0  0.117899   0.279744  0.473182  0.685291  0.903305  1.11527      1.15363    1.15374    1.15386
1.15396  1.15404  1.15411

[:, :, 2] =
    0.0  0.0871829  0.162123  0.221969  0.264909  0.290181  0.298014  …  0.00015628  0.000157981  0.000151249
0.000137179  0.000117154
    0.0  0.0266207  0.101938  0.217719  0.364331  0.531374  0.708291     0.999776   0.999871   0.999964
1.00005  1.00013

# 获取时间数据
julia> res[2]'
1×174 adjoint(::Vector{Float64}) with eltype Float64:
    0.0  0.0921034  0.184207  0.27631  0.368414  0.460517  0.55262  0.644724  …  15.3813  15.4734  15.5655
15.6576  15.7497  15.8418  15.9339
```

对于多输入多输出系统,响应数据 res.y 为一个三维数组,其维度为 $N_y \times N \times N_u$,其中,N_y 为系统输出数量,N 为时间向量长度,N_u 为系统输入数量。

因此,通过 res.y[i,:,j] 可取第 j 个输入到第 i 个输出的阶跃响应数据向量。

【例 3-3】计算并绘制标准二阶系统阶跃响应曲线及响应面。

$$G(s) = \frac{1}{s^2 + 2\zeta s + 1}$$

计算并绘制阶跃响应曲线,程序如下:

```
# 时间向量定义
t = 0:0.2:10
# 阻尼比定义
zeta = 0:0.05:1.2
# 传递函数及响应变量预定义
num = [0];
den = [0 0 0];
y = zeros(length(t), length(zeta))
ty = zeros(length(t), length(zeta))
# 计算不同阻尼比下的二阶系统阶跃响应
for i in 1:length(zeta)
    num = [1]
    den = [1, 2 * zeta[i], 1]
    y[:, i], ty[:, i] = step(tf(num, den), t, fig=false)
end


# 绘制 zeta=0 的阶跃响应曲线
plot(t, y[:, 1])
hold("on")
# 绘制 zeta=0.2，0.4，0.6，0.8，1.0，1.2 的阶跃响应曲线
line = ["--", ":", "-.", "-+", "-o", "-x"]
global e = 1
for j in 5:4:length(zeta)
    global e
    plot(t, y[:, j], line[e])
    e = e + 1
end
# 图形修饰
title(raw"二阶系统阶跃响应曲线，其中：$\omega_n$=1、$\zeta$=0,0.2,0.4,0.6,0.8,1.0,1.2")
xlabel("时间/s")
ylabel("振幅")
legend(raw"$\zeta$=0", raw"$\zeta$=0.2", raw"$\zeta$=0.4", raw"$\zeta$=0.6", raw"$\zeta$=0.8", raw"$\zeta$=1.0",
raw"$\zeta$=1.2")通过
```

程序输出结果如图 3-10 所示。

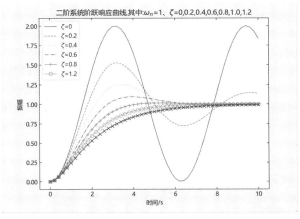

图 3-10　二阶系统阶跃响应曲线

阶跃响应面绘制程序如下。

```
# 构造 zeta,t 构成的网格
Zeta, T = meshgrid2(zeta, t)
# 三维响应面绘制
s = mesh(T,Zeta,y;facealpha=0.95)
xlabel("时间/s")
ylabel(raw"$\zeta$")
zlabel("响应")
s.set_facecolor("flat")
s.set_edgecolor("#dddddd")
plt_update()
```

程序输出结果如图 3-11 所示。

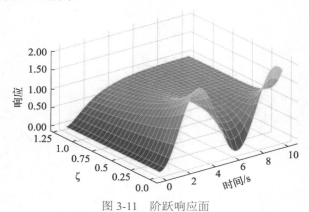

图 3-11 阶跃响应面

【例 3-4】获取以下系统的阶跃响应特性。

$$G(s) = \frac{25}{s^2 + 3s + 15}$$

```
G = tf([25], [1 3 25])
# 计算并获取系统阶跃响应特性
res = stepinfo(G)
# 上升时间
res.RiseTime
# 最大超调
res.Overshoot
# 峰值
res.Peak
# 峰值时间
res.PeakTime
# 调节时间
res.SettlingTime
```

输出：

```
julia> # 上升时间
julia> res.RiseTime
1×1 Matrix{Float64}:
 0.2647250314828522
```

```
julia> # 最大超调
julia> res.Overshoot
1×1 Matrix{Float64}:
 37.1410271661408

julia> # 峰值
julia> res.Peak
1×1 Matrix{Float64}:
 1.371410271661408

julia> # 峰值时间
julia> res.PeakTime
1×1 Matrix{Float64}:
 0.6447238260382373

julia> # 调节时间
julia> res.SettlingTime
1×1 Matrix{Float64}:
 2.246034069329275
```

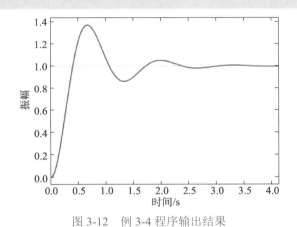

图 3-12   例 3-4 程序输出结果

3.2.2   脉冲响应

系统的脉冲响应（或称为冲激响应）可以用 impulse()函数进行计算并绘制脉冲响应图，其调用方式及说明如表 3-2 所示。

表 3-2   impulse()调用方式及说明

impulse()调用方式	说明
impulse(sys)	计算并直接返回系统脉冲响应图，其中 sys 可以是 tf、ss、zpk
impulse(sys,t)	计算 t 指定时间内的脉冲响应。若 t 为标量，则计算[0,t]内的响应；若 t 为向量，则计算各点的脉冲响应。 示例： impulse(G,5) impulse(G,0:0.1:10)
impulse(___,fmt)	计算并直接返回系统脉冲响应图。fmt 为绘图样条属性设置字符串。 示例： impulse(G,"-bo",linewidth=1,markersize=5,…) impulse(G,"-r",linewidth=1,ishold=true,…) # 将图形绘制在已有 figure 上
res=impulse(sys,t,fig=false)	计算脉冲响应，生成的 res 响应为 SimResult 结构体，不绘制响应图，其中： res.t: 时间向量 res.y: 响应数组
y,t,x=impulse(sys,t,fig=false)	计算脉冲响应，y 为响应数组，t 为时间向量，x 为状态数组

【例 3-5】计算以下系统的脉冲响应。

$$H(s) = \frac{1}{s^2 + 0.2s + 1}$$

```
H=tf([1],[1,0.2,1])
impulse(H)
```

程序输出结果如图 3-13 所示。

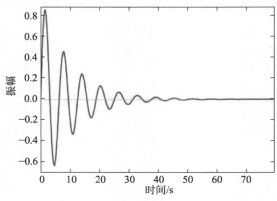

图 3-13　例 3-5 程序输出结果（1）

```
# 图形修饰
H = tf([1], [1, 0.2, 1])
impulse(H, 0:0.4:40, "-d", linewidth=1, markersize=5, markeredgecolor="#0072BD", markerfacecolor="#EDB120")
xlabel("时间/s")
ylabel("振幅")
```

程序输出结果如图 3-14 所示。

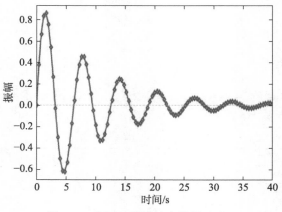

图 3-14　例 3-5 程序输出结果（2）

考虑到系统的脉冲响应表达式为 $Y(s) = G(s) \cdot U(s)$，其中脉冲信号 $U(s) = 1$。

$$Y(s) = G(s) \cdot 1 = s \cdot G(s) \cdot \frac{1}{s}$$

因此，求取 $G(s)$ 的脉冲响应，可以转化为求取 $s \cdot G(s)$ 的单位阶跃响应。

【例 3-6】针对例 3-5，通过阶跃函数求取其脉冲响应。

```
# 求脉冲响应的另一种方法
s = tf('s')
H = tf([1], [1, 0.2, 1])
# 通过阶跃函数 step 求取 H 的脉冲响应
step(s * H, 40, "-", linewidth=1)
xlabel("时间/s")
ylabel("振幅")
```

程序输出结果如图 3-15 所示。

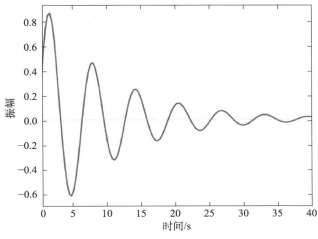

图 3-15　例 3-6 程序输出结果

3.2.3　斜坡响应

Syslab 控制工具箱没有提供斜坡信号响应函数，同样可以考虑使用上面的方法求取。考虑到系统的斜坡响应表达式为 $Y(s) = G(s) \cdot U(s)$，其中斜坡信号 $U(s) = \dfrac{1}{s^2}$，则

$$Y(s) = G(s) \cdot \frac{1}{s^2} = \frac{1}{s} \cdot G(s) \cdot \frac{1}{s}$$

因此，求取 $G(s)$ 的斜坡响应，可以转化为求取 $1/s \cdot G(s)$ 的单位阶跃响应。

【例 3-7】计算以下系统的斜坡响应。

$$\begin{bmatrix} \dot{x}_1 \\ \dot{x}_2 \end{bmatrix} = \begin{bmatrix} 0 & 1 \\ -1 & -1 \end{bmatrix} \begin{bmatrix} x_1 \\ x_2 \end{bmatrix} + \begin{bmatrix} 0 \\ 1 \end{bmatrix} u$$

$$y = \begin{bmatrix} 1 & 0 \end{bmatrix} \begin{bmatrix} x_1 \\ x_2 \end{bmatrix}$$

```
# 定义 Laplace 算子
s=tf('s')
# 定义状态空间矩阵
A=[0 1;-1 -1]
B=[0;1]
```

```
C=[1 0]
D=[0]
# 创建系统模型
G=ss(A,B,C,D)
# 指定时间向量
t=0:0.15:10
# 通过 step 计算斜坡响应
step((tf(G)/s),t,"ob")
hold("on")
# 绘制斜坡输入信号
plot(t,t,"-b")
legend("斜坡响应","斜坡信号")
xlabel("时间/s")
ylabel("振幅")
```

程序输出结果如图 3-16 所示。

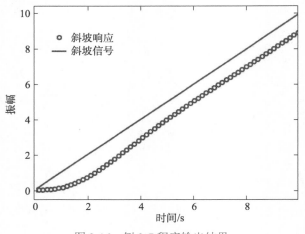

图 3-16　例 3-7 程序输出结果

类似地，系统对抛物线信号的响应可以使用同样的方法计算得到。

3.2.4　任意信号的响应

MWORKS 提供 lsim()函数来获取任意给定信号的响应，其调用方式及说明如表 3-3 所示。

表 3-3　lsim()调用方式及说明

lsim()调用方式	说明
lsim(sys,u,t)	计算并直接返回系统对输入信号(t,u)的时域响应图。其中 t 为时间向量，u 的维度为 $N_u \cdot length(t)$
lsim(sys,u,t,fmt)	计算并直接返回系统对输入信号(t,u)的时域响应图。fmt 为绘图样条属性设置字符串。示例： lsim(G,u,t,"-bo",linewidth=1,markersize=5,…) lsim(G,,u,t,"-r",linewidth=1,ishold=true,…) # 将图形绘制在已有 figure 上
lsim(sys,u,t,x0=value)	当 sys 是状态空间模型时，可以进一步指定初始状态值 x0，注意：x0 为向量形式
lsim(sys,u,t,x0=value,fmt)	当 sys 是状态空间模型时，可以进一步指定初始状态值 x0，fmt 为绘图样条属性设置字符串
res=lsim (sys,u,t,fig=false)	计算任意信号的响应，生成的 res 响应为 SimResult 结构体，不绘制响应图，其中： res.t：时间向量 res.y：响应数组
y,t,x=lsim(sys,u,t,fig=false)	计算任意信号的响应，y 为响应数据，t 为时间向量，x 为状态数组

【例 3-8】计算系统对自定义斜坡阶跃信号的响应，输入信号在 $t=0$ 时从 0 开始，在 $t=1s$ 时以斜率 1 上升，直至 2s 后保持稳定。

```
# 定义系统
sys=tf([3],[1,2,3])
# 创建输入信号
t=0:0.08:8
u=max.(0,min.(t.-1,1))
# 计算系统阶跃响应
lsim(sys,reshape(u,1,length(u)),t,"o")
xlabel("时间/s")
ylabel("振幅")
```

程序输出结果如图 3-17 所示。

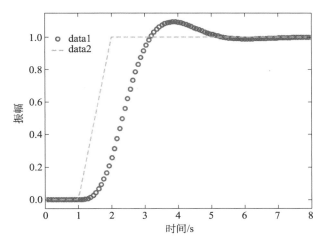

图 3-17　例 3-8 程序输出结果

【例 3-9】考虑以下系统在输入信号 $u=\mathrm{e}^{-t}$ 作用下的响应情况，假设初始状态为 $x(0)=0$。

$$\begin{bmatrix} \dot{x}_1 \\ \dot{x}_2 \end{bmatrix} = \begin{bmatrix} -1 & 0.5 \\ -1 & 0 \end{bmatrix} \begin{bmatrix} x_1 \\ x_2 \end{bmatrix} + \begin{bmatrix} 0 \\ 1 \end{bmatrix} u$$

$$y = \begin{bmatrix} 1 & 0 \end{bmatrix} \begin{bmatrix} x_1 \\ x_2 \end{bmatrix}$$

```
A = [-1 0.5; -1 0]
B = [0; 1]
C = [1 0]
G = ss(A, B, C, D)
# 创建输入信号
t = 0:0.2:12
u = exp.(-t)
u = reshape(u, 1, length(u))
lsim(G, u, t, "o")
xlabel("时间/s")
```

ylabel("振幅")

程序输出结果如图 3-18 所示。

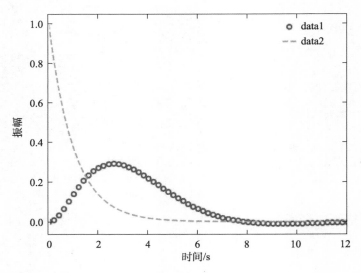

图 3-18　例 3-9 程序输出结果（1）

将初始状态修改为 $x(0) = [-0.2, 1.0]$ ，则程序修改如下：

```
# 修改初始状态
x0 = [-0.2, 1.0]
lsim(G, u, t, x0, "rp", markeredgecolor="#0072BD", markerfacecolor="#D95319")
legend("系统响应", "输入信号")
```

程序输出结果如图 3-19 所示。

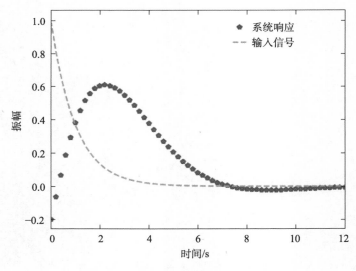

图 3-19　例 3-9 程序输出结果（2）

3.3 线性系统的时域分析

3.3.1 一阶系统

典型的一阶系统结构图如图 3-20 所示。

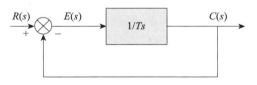

图 3-20 典型的一阶系统结构图

一阶系统的闭环传递函数为

$$G(s) = \frac{C(s)}{R(s)} = \frac{1}{Ts+1} \tag{3-6}$$

式中，T 为时间常数。

从式（3-6）可以看出，一阶系统是一个惯性环节。一阶系统的时间常数 T 是表征系统惯性的特征参数，它反映了系统过渡过程的品质，T 越小，系统响应越快；T 越大，系统响应越慢。

下面分析此系统对单位阶跃函数、单位斜坡函数和单位脉冲函数的响应。在分析过程中，假设初始条件为零。这里要注意的是，具有相同传递函数的所有系统，对同一输入信号的响应是相同的。

1. 一阶系统的单位阶跃响应

当系统的输入信号为单位阶跃函数时，它的输出就是单位阶跃响应，输出信号的拉普拉斯变换为

$$C(s) = G(s)R(s) = \frac{1}{Ts+1}\frac{1}{s} = \frac{1}{s} - \frac{T}{Ts+1} \tag{3-7}$$

对式（3-7）进行拉普拉斯反变换，得到

$$c(t) = 1 - \mathrm{e}^{-\frac{t}{T}}, \ t \geqslant 0 \tag{3-8}$$

由式（3-8）可以得到一阶系统的单位阶跃响应曲线，如图 3-21 所示。

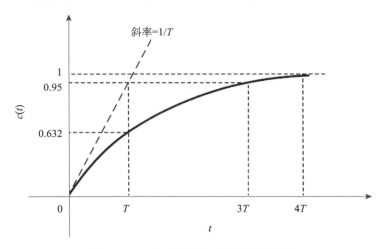

图 3-21 一阶系统的单位阶跃响应曲线

从图 3-21 中可知：

（1）当 $t=T$ 时，$c(t)=0.632$；当 $t=3T$ 时，$c(t)=0.95$；当 $t \geqslant 4T$ 时，响应曲线将保持在稳态值的 98%以内。

（2）调节时间 $t_s = 3T(\Delta c(t) = 5\%)$，$t_s = 4T(\Delta c(t) = 2\%)$。

由上述分析可知，一阶系统的单位阶跃响应是单调上升的指数曲线，其特性由 T 确定，T 越小，过渡时间越短，系统的快速性越好。

2. 一阶系统的单位斜坡响应

系统的输入信号为单位斜坡函数时，它的输出就是单位斜坡响应，系统输出信号的拉普拉斯变换为

$$C(s) = G(s)R(s) = \frac{1}{Ts+1} \cdot \frac{1}{s^2} \tag{3-9}$$

将其展开成部分分式，得到

$$C(s) = \frac{1}{s^2} - \frac{T}{s} + \frac{T^2}{Ts+1} \tag{3-10}$$

进行拉普拉斯反变换，得到

$$c(t) = t - T + Te^{-t/T}, \; t \geqslant 0 \tag{3-11}$$

此时误差信号 $e(t)$ 为

$$e^{-t/T} \to 0, \quad e(t) \to T \tag{3-12}$$

$$\begin{aligned} e(t) &= r(t) - c(t) \\ &= t - (t - T + Te^{-t/T}) \\ &= T(1 - e^{-t/T}) \end{aligned} \tag{3-13}$$

当 $t \to \infty$ 时，$e^{-t/T} \to 0$，$e(t) \to T$，即

$$e(\infty) = T \tag{3-14}$$

由式（3-13）可知，当 $t \to \infty$ 时，系统跟踪单位斜坡输入信号的误差等于 T，显然，时间常数 T 越小，系统跟踪斜坡输入信号的误差也越小。

3. 一阶系统的单位脉冲响应

系统的输入信号为单位脉冲函数时，它的输出就是单位脉冲响应，一阶系统输出信号的拉普拉斯变换为

$$C(s) = G(s)R(s) = \frac{1}{Ts+1} \tag{3-15}$$

其拉普拉斯反变换为

$$c(t) = \frac{1}{T}e^{-t/T}, \; t \geqslant 0 \tag{3-16}$$

一阶系统的单位脉冲响应如图 3-22 所示。

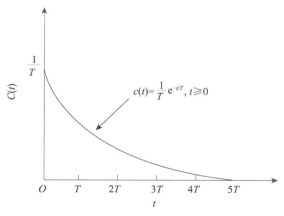

图 3-22   一阶系统的单位脉冲响应

从图 3-22 中可以看出，在 $t=0$ 时，一阶系统的单位脉冲响应 $c(t)=1/T$，它与单位阶跃响应在 $t=0$ 时的变化率相等，这也证明了单位脉冲响应是单位阶跃响应的导数，而单位阶跃响应是单位脉冲响应的积分。一阶系统的三种典型输入信号的响应如表 3-4 所示。

表 3-4   一阶系统的三种典型输入信号的响应

序号	输入信号（时域）	输入信号（频域）	一阶系统响应
1	$\delta(t)$	1	$c(t)=\dfrac{1}{T}\mathrm{e}^{-(t/T)}$
2	$1(t)$	$\dfrac{1}{s}$	$c(t)=1-\mathrm{e}^{-(t/T)}$
3	t	$\dfrac{1}{s^2}$	$c(t)=t-T+T\mathrm{e}^{-t/T}$

3.3.2   二阶系统

当控制系统的数学模型是二阶微分方程时，该控制系统称为二阶系统。在控制系统中，二阶系统及高阶系统比较多，而高阶系统在一定条件下也可以近似为二阶系统。因此，研究二阶系统的时域分析具有一定的代表性。

典型的二阶系统结构图如图 3-23 所示，它由比例、积分和惯性环节串联而成。系统的闭环传递函数为

$$G(s)=\frac{C(s)}{R(s)}=\frac{1}{T^2s^2+2\zeta Ts+1}=\frac{\omega_n^2}{s^2+2\zeta\omega_n s+\omega_n^2} \tag{3-17}$$

式中，ζ 为阻尼比；$\omega_n=\dfrac{1}{T}$ 为无阻尼自然振荡频率，单位为弧度/秒，记为 rad/s 或 s^{-1}。

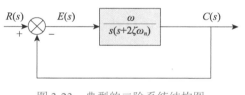

二阶系统的特征方程为

$$s^2+2\zeta\omega_n s+\omega_n^2=0 \tag{3-18}$$

特征根为

$$s_{1,2}=-\zeta\omega_n\pm\omega_n\sqrt{\zeta^2-1} \tag{3-19}$$

图 3-23   典型的二阶系统结构图

由于控制系统的特性与特征根有直接关系，因此，二阶系统的动态特性取决于两个参数：阻尼比 ζ 和无阻尼自然振荡频率 ω_n。

1. 二阶系统的单位阶跃响应

二阶系统的特征根在 s 平面的分布与阻尼比 ζ 有关，因此，根据阻尼比 ζ 的不同取值，系统的单位阶跃响应有三种不同的情况，下面根据 ζ 的不同取值情况来讨论。

（1）欠阻尼（$0 < \zeta < 1$）时二阶系统的单位阶跃响应

此时系统具有一对共轭复数极点，其值为

$$s_{1,2} = -\zeta\omega_n \pm \mathrm{j}\omega_n\sqrt{1-\zeta^2} \tag{3-20}$$

则式（3-17）可以写成

$$\frac{C(s)}{R(s)} = \frac{\omega_n^2}{(s + \zeta\omega_n + \mathrm{j}\omega_d)(s + \zeta\omega_n - \mathrm{j}\omega_d)} \tag{3-21}$$

式中，$\omega_d = \omega_n\sqrt{1-\xi^2}$，频率 ω_d 称为阻尼振荡频率。

对于单位阶跃输入信号，$R(s) = 1/s$，因此，$C(s)$ 可以表示成

$$C(s) = \frac{\omega_n^2}{(s^2 + 2\zeta\omega_n s + \omega_n^2)s} \tag{3-22}$$

将 $C(s)$ 展开，得

$$\begin{aligned}
C(s) &= \frac{1}{s} - \frac{s + 2\zeta\omega_n}{s^2 + 2\zeta\omega_n s + \omega_n^2} \\
&= \frac{1}{s} - \frac{s + \zeta\omega_n}{(s + \zeta\omega_n)^2 + \omega_d^2} - \frac{\zeta\omega_n}{(s + \zeta\omega_n)^2 + \omega_d^2}
\end{aligned} \tag{3-23}$$

由于

$$\begin{aligned}
L^{-1}\left[\frac{s + \zeta\omega_n}{(s + \zeta\omega_n)^2 + \omega_d^2}\right] &= \mathrm{e}^{-\xi\omega_n t}\cos\omega_d t \\
L^{-1}\left[\frac{\omega_d}{(s + \zeta\omega_n)^2 + \omega_d^2}\right] &= \mathrm{e}^{-\xi\omega_n t}\sin\omega_d t
\end{aligned} \tag{3-24}$$

将式（3-23）进行拉普拉斯反变换，得

$$\begin{aligned}
c(t) &= L^{-1}[C(s)] \\
&= 1 - \mathrm{e}^{-\xi\omega_n t}\left(\cos\omega_d t + \frac{\zeta}{\sqrt{1-\xi^2}}\sin\omega_d t\right) \\
&= 1 - \frac{1}{\sqrt{1-\xi^2}}\mathrm{e}^{-\xi\omega_n t}\sin(\omega_d t + \beta), \qquad t \geqslant 0
\end{aligned} \tag{3-25}$$

式中，$\beta = \arccos\xi = \arctan\dfrac{\sqrt{1-\zeta^2}}{\zeta}$ 为阻尼角。

由式（3-25）可见，欠阻尼时二阶系统的单位阶跃响应由两部分组成：稳态响应分量 $c_{ss}(t)$ 和瞬态响应分量 $c_{tr}(t)$。

稳态响应分量

$$c_{ss}(t) = 1 \tag{3-26}$$

瞬态响应分量

$$c_{tr}(t) = -\frac{1}{\sqrt{1-\zeta^2}}\mathrm{e}^{-\xi\omega_n t}\sin(\omega_{\mathrm{d}}t + \beta) \tag{3-27}$$

因此，瞬态响应分量 $c_{tr}(t)$ 是阻尼正弦振荡项，振荡频率为 ω_{d}。显然，瞬态响应分量衰减的速度随 ζ、ω_n 的增大而加快。当 $\omega_n = 1$，$\zeta = 0.2$、0.4、0.6、0.8 时的单位阶跃响应程序如下，其响应曲线如图 3-24 所示。

```
G1 = tf(1, [1, 0.4, 1])
G2 = tf(1, [1, 0.8, 1])
G3 = tf(1, [1, 1.2, 1])
G4 = tf(1, [1, 1.6, 1])
res1, t1 = step(G1, 20, fig=false);
res2, t2 = step(G2, 20, fig=false);
res3, t3 = step(G3, 20, fig=false);
res4, t4 = step(G4, 20, fig=false);
plot(t1, res1, "-", t2, res2, "--")
hold("on")
plot(t3, res3, ":", t4, res4, "-.")
legend(["0.2", "0.4", "0.6", "0.8"])
xlabel("时间/s")
ylabel("响应")
```

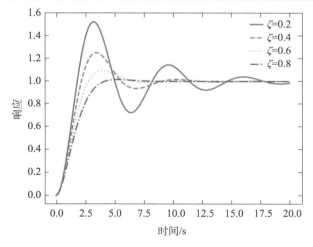

图 3-24　欠阻尼时二阶系统的单位阶跃响应曲线

从图 3-24 中可以看出，欠阻尼时二阶系统的单位阶跃响应曲线是衰减振荡的，系统出现超调，并且，ζ 越小，超调量越大，输出的上升速度越快。

（2）无阻尼（$\zeta = 0$）时二阶系统的单位阶跃响应

此时，系统的闭环极点为一对共轭虚根，即 $s_{1,2} = \pm \mathrm{j}\omega_n$。

对于单位阶跃输入信号，$R(s) = 1/s$，因此，$C(s)$ 可以表示为

$$C(s) = \frac{\omega_n^2}{s(s^2 + \omega_n^2)} \tag{3-28}$$

对 $C(s)$ 进行拉普拉斯反变换，可以得到

$$c(t) = 1 - \cos\omega_n t, \quad t > 0 \tag{3-29}$$

无阻尼时二阶系统的单位阶跃响应的稳态响应分量

$$c_{ss}(t) = 1 \tag{3-30}$$

瞬态响应分量

$$c_{tr}(t) = -\cos\omega_n t \tag{3-31}$$

因此，瞬态响应是无衰减的周期振荡，振荡频率为 ω_n，系统不能稳定工作。

当 $\omega_n = 1$，$\zeta = 0$ 时的单位阶跃响应曲线如图 3-25 所示。

程序如下：

```
G = tf(1, [1, 0, 1])
res = step(G, 20)
plot(res)
xlabel("时间/s")
```

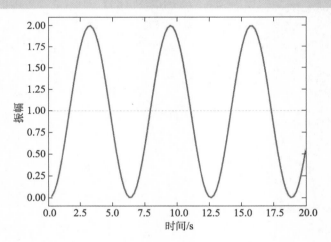

图 3-25　无阻尼时二阶系统的单位阶跃响应曲线

（3）临界阻尼（$\zeta = 1$）时二阶系统的单位阶跃响应

此时，系统的特征根 $s_{1,2} = -\zeta\omega_n = -\omega_n$ 为一对重负实根。对于单位阶跃输入信号，$R(s) = 1/s$，因而 $C(s)$ 可以表示成

$$C(s) = \frac{\omega_n^2}{(s + \omega_n)^2 s} \tag{3-32}$$

其拉普拉斯反变换为

$$c(t) = 1 - \mathrm{e}^{-\omega_n t}\left(1 + \omega_n t\right) \tag{3-33}$$

式（3-33）表明，临界阻尼时二阶系统的单位阶跃响应的稳态响应分量 $c_{ss}(t)=1$，瞬态响应分量 $c_{tr}(t)=-\mathrm{e}^{-\omega_n t}(1+\omega_n t)$，因此，瞬态响应是一个衰减的过程。

当 $\omega_n=1$，$\zeta=1$ 时的单位阶跃响应曲线如图 3-26 所示。

程序如下：

```
G = tf(1, [1, 2, 1])
res = step(G, 20)
plot(res)
xlabel("时间/s")
```

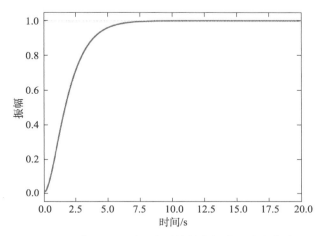

图 3-26　临界阻尼时二阶系统的单位阶跃响应曲线

（4）过阻尼（$\zeta>1$）时二阶系统的单位阶跃响应

此时，系统的特征根 $s_{1,2}=-\zeta\omega_n\pm-\omega_n\sqrt{\zeta^2-1}$ 为一对不相等的负实根。因而 $C(s)$ 可以表示为

$$C(s)=\frac{\omega_n^2}{(s+\zeta\omega_n+\omega_n\sqrt{\xi^2-1})(s+\zeta\omega_n-\omega_n\sqrt{\xi^2-1})s}$$

程序如下：

```
G = tf(1, [1, 4.8, 1])
res = step(G, 20)
plot(res)
```

对其进行拉普拉斯反变换，可以得到

$$L^{-1}[C(s)]=c(t)$$

$$=1+\frac{1}{2\sqrt{\xi^2-1}\left(\zeta+\sqrt{\xi^2-1}\right)}\mathrm{e}^{-\left(\zeta+\sqrt{\xi^2-1}\right)\omega_n t}-\frac{1}{2\sqrt{\zeta^2-1}\left(\zeta-\sqrt{\zeta^2-1}\right)}\mathrm{e}^{-\left(\xi-\sqrt{\xi^2-1}\right)\omega_n t} \qquad （3-34）$$

$$=1+\frac{\omega_n}{2\sqrt{\xi^2-1}}\left(\frac{\mathrm{e}^{-s_1 t}}{s_1}-\frac{\mathrm{e}^{-s_2 t}}{s_2}\right), \qquad t\geqslant 0$$

式中，$s_{s_1} = (\zeta + \sqrt{\xi^2 - 1})\omega_n$，$s_2 = (\zeta - \sqrt{\xi^2 - 1})\omega_n$。

式（3-34）表明，过阻尼时二阶系统的单位阶跃响应的稳态响应分量

$$c_{ss}(t) = 1 \qquad\qquad (3\text{-}35)$$

瞬态响应分量

$$c_{tr}(t) = \frac{\omega_n}{2\sqrt{\zeta^2 - 1}}\left(\frac{e^{-s_1 t}}{s_1} - \frac{e^{-s_2 t}}{s_2} \right) \qquad\qquad (3\text{-}36)$$

因此瞬态响应分量 $c_{tr}(t)$ 是两个指数衰减过程的叠加，瞬态响应是单调的衰减过程。

当 $\omega_n = 1$，$\zeta > 1$ 时的单位阶跃响应曲线如图 3-27 所示。

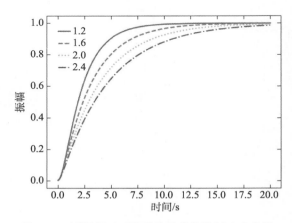

图 3-27   过阻尼时二阶系统的单位阶跃响应曲线

程序如下：

```
G1 = tf(1, [1, 2.4, 1])
G2 = tf(1, [1, 3.2, 1])
G3 = tf(1, [1, 4, 1])
G4 = tf(1, [1, 4.8, 1])
res1, t1 = step(G1, 20, fig=false);
res2, t2 = step(G2, 20, fig=false);
res3, t3 = step(G3, 20, fig=false);
res4, t4 = step(G4, 20, fig=false);
plot(t1, res1, "-", t2, res2, "--")
hold("on")
plot(t3, res3, ":", t4, res4, "-.")
legend(["1.2", "1.6", "2", "2.4"])
xlabel("时间/s")
ylabel("响应")
```

从图 3-27 中可知，过阻尼时二阶系统的单位阶跃响应曲线无超调。当 $\zeta \gg 1$ 时，系统近似为一阶系统。

在控制系统中，通常要求系统既具有较快的瞬态响应，又具有足够的阻尼。因此，为了获得满意的二阶系统的瞬态响应特性，阻尼比 ζ 应该在 0.4～0.8 之间。如果 ζ 比较小，那么

它会使系统的超调量较大；如果 ζ 比较大，那么它会使系统的响应变得缓慢。因此，从性能指标角度看，最大超调量和上升时间这两个指标是相互矛盾的，即最大超调量和上升时间两者不能同时达到比较小的数值。所以阻尼比 ζ 在 0.4～0.8 之间，兼顾了二阶系统的平稳性和快速性，系统具有较好的动态性能。

二阶系统的动态性能指标是以系统对单位阶跃输入量的瞬态响应形式给出的。

假设系统为欠阻尼系统，即 $0 < \zeta < 1$，此时系统的单位阶跃响应为

$$c(t) = 1 - \mathrm{e}^{-\xi\omega_n t}\left(\cos\omega_{\mathrm{d}}t + \frac{\zeta}{\sqrt{1-\zeta^2}}\sin\omega_{\mathrm{d}}t\right) \tag{3-37}$$

$$= 1 - \frac{1}{\sqrt{1-\zeta^2}}\mathrm{e}^{-\zeta\omega_n t}\sin(\omega_{\mathrm{d}}t + \beta), \qquad t \geqslant 0$$

1. 上升时间 t_r

根据定义，$c(t_r) = 1$，可得到

$$\begin{cases} c(t_r) = 1 - \dfrac{1}{\sqrt{1-\zeta^2}}\mathrm{e}^{-\zeta\omega_0 t_r}\sin(\omega_{\mathrm{d}}t_r + \beta) = 1 \\[4mm] \dfrac{1}{\sqrt{1-\xi^2}}\mathrm{e}^{-\zeta\omega_n t_r}\sin(\omega_{\mathrm{d}}t_r + \beta) = 0 \end{cases} \tag{3-38}$$

因为 $\mathrm{e}^{-\xi\omega_n t_r} \neq 0$，所以 $\omega_{\mathrm{d}}t_r + \beta = \pi$。

因此，上升时间 t_r 为

$$t_r = \frac{\pi - \beta}{\omega_{\mathrm{d}}} = \frac{\pi - \arccos\zeta}{\omega_n\sqrt{1-\zeta^2}} \tag{3-39}$$

式中，β 为共轭复数对负实轴的张角，称为阻尼角。

2. 峰值时间 t_p

根据定义，将式（3-37）对时间求导，并令该导数为零，即可得到峰值时间。

$$\left.\frac{\mathrm{d}c}{\mathrm{d}t}\right|_{t=t_p} = \frac{\omega_n}{\sqrt{1-\zeta^2}}\mathrm{e}^{-\zeta\omega_n t_p}\sin(\omega_{\mathrm{d}}t_p) = 0 \tag{3-40}$$

最后可得 $\sin\omega_{\mathrm{d}}t_p = 0$，即 $\omega_{\mathrm{d}}t_p = 0, \pi, 2\pi, 3\pi, \cdots$。

由于峰值时间 t_p 对应第一个峰值的时间，于是得到

$$t_p = \frac{\pi}{\omega_{\mathrm{d}}} = \frac{\pi}{\omega_n\sqrt{1-\xi^2}} \tag{3-41}$$

3. 最大超调量 σ_p

当 $t = t_p$ 时，$c(t)$ 有最大值 $c_{\max} = c(t_p)$，因为单位阶跃响应的稳态值 $c(\infty) = 1$，所以最大

超调量 $c_{\max} = 1 - \dfrac{1}{\sqrt{1-\zeta^2}} e^{\frac{\pi\zeta}{\sqrt{1-\zeta^2}}} \sin(\pi+\beta) = 1 + e^{\frac{\pi\zeta}{\sqrt{1-\zeta^2}}}$ 。

于是得到

$$\sigma_p = e^{-\xi\pi/\sqrt{1-\xi^2}} \times 100\% \qquad (3-42)$$

4. 调节时间 t_p

从调节时间的定义来看，调节时间的表达式很难确定。为了简便起见，可以忽略正弦函数的影响，用下式近似求得调节时间。

$$\frac{1}{\sqrt{1-\xi^2}} e^{-\xi\omega_n t} \big|_{t=t_s} = 0.05 \text{ 或} 0.02$$

由此求得

$$\begin{cases} t_s = \dfrac{1}{\zeta\omega_n}\left[3 - \dfrac{1}{2}\ln\left(1-\xi^2\right)\right] \approx \dfrac{3}{\zeta\omega_n} \text{（5\%误差标准）} \\ t_s = \dfrac{1}{\zeta\omega_n}\left[4 - \dfrac{1}{2}\ln\left(1-\xi^2\right)\right] \approx \dfrac{4}{\zeta\omega_n} \text{（2\%误差标准）} \end{cases} \qquad (3-43)$$

调节时间与系统的阻尼比 ζ 和无阻尼自然频率 ω_n 的乘积是成反比的。因为 ζ 的值通常根据对最大允许超调量的要求来确定，所以调节时间主要由无阻尼自然频率 ω_n 确定。这表明，在不改变最大超调量的情况下，通过调整无阻尼自然频率 ω_n，可以改变稳态响应的持续时间。

5. 振荡次数 N

在过渡过程中，响应的振荡次数 N 可以用在 t_s 期间阶跃响应曲线穿越稳态值次数的一半来计算，即用 t_s 被振荡周期除的商取整值得到。系统的振荡周期为 $2\pi/\omega_d$，所以可得到

$$N = \frac{t_s}{\dfrac{2\pi}{\omega_d}} = \frac{\sqrt{1-\zeta^2}\,\omega_n t_s}{2\pi} \qquad (3-44)$$

计算结果取整即振荡次数。

【例 3-10】某控制系统传递函数为 $\dfrac{1}{s^2+2s+1}$，求该系统单位阶跃响应指标。

程序如下：

```
G = tf(1, [1, 2, 1])
res = step(G, 20)
sys = stepinfo(G)
```

计算得到阶跃响应特征，输出结果如下：

```
StepInfo:
Initial value:      0.000
Final value:        1.000
Step size:          1.000
Peak:                  1.163
Peak time:          3.652 s
Overshoot:          16.30 %
Undershoot:          0.00 %
Settling time:      8.134 s
Rise time:          1.660 s
```

3.4 稳定性分析

线性控制系统正常工作的必要条件是系统必须稳定。如果一个控制系统不稳定，当受到内部或外界扰动时，比如，负载或能源波动，系统参数变化，等等，系统中各物理量偏离原平衡工作点，并随着时间的推移而发散，即使在干扰消失后也不可能再恢复到原平衡状态。控制系统稳定性定义为：线性系统处于某一初始平衡状态下，在外部作用影响下而偏离了原来的平衡状态，当外部作用消失后，若经过足够长的时间，系统能够回到原状态或者原平衡点附近，则称该系统是稳定的，或称系统具有稳定性，否则，称该系统是不稳定的或不具有稳定性。稳定性是系统在去掉外部作用后，自身的一种恢复能力，所以是系统的一种固有特性。它只取决于系统的结构与参数，与初始条件及外部作用无关。系统的稳定性分为绝对稳定性和相对稳定性两种。绝对稳定性是指系统是否稳定；相对稳定性是指一个稳定的系统稳定的程度，稳定程度越高，相对稳定性就越强。

3.4.1 使用闭环特征多项式的根判定稳定性

根据稳定性的定义，选用只在瞬间出现的单位脉冲信号作为系统的输入信号，让系统离开其平衡状态，若经过足够长的时间，系统能回到原来的平衡状态，则称系统是稳定的。

设系统的闭环传递函数

$$G(s) = \frac{C(s)}{R(s)} = \frac{K\prod\limits_{i=1}^{m}(s+z_i)}{\prod\limits_{j=1}^{n}(s+p_j)} \tag{3-45}$$

则

$$C(s) = G(s)R(s) \tag{3-46}$$

此时 $R(s)=1$，得

$$C(s) = G(s) = = \frac{K\prod\limits_{i=1}^{m}(s+z_i)}{\prod\limits_{j=1}^{n}(s+p_j)} \tag{3-47}$$

则

$$c(t) = L^{-1}[G(s)] = L^{-1}\left[\frac{K\prod\limits_{i=1}^{m}(s+z_i)}{\prod\limits_{j=1}^{n}(s+p_j)}\right] = \sum\limits_{j=1}^{n}a_j\mathrm{e}^{-p_j t} \tag{3-48}$$

式中，a_j 为 $s=-p_j$ 极点处的留数。

由稳定性的定义可知，当 $t\to\infty$ 时，$c(t)\to0$，则系统稳定。从式（3-48）可得，$c(t)$ 在 $t\to\infty$ 时趋于 0 的充分必要条件是，闭环系统特征方程的所有根具有负实部。

综上所述，线性系统稳定的充要条件是：系统特征方程的根（系统的闭环极点）均具有负实部（系统的全部闭环极点都在 s 平面的左半平面）。如果使用零极点图，则线性系统稳定的充分必要条件为：闭环系统传递函数的极点均位于 s 平面的左半平面。

反之，只要有一个闭环极点分布在右半平面，系统就是不稳定的；如果没有右半平面的根，但在虚轴上有根（纯虚根），则系统是临界稳定的。在工程上，线性系统处于临界稳定和处于不稳定一样，是不能被应用的。由此可见，只要求取系统微分方程的特征根或确定特征根在 s 平面上的分布，就完全可以判定系统的稳定性。

【例 3-11】已知闭环传递函数 $G(s) = \dfrac{11}{s^4 + 5s^3 + 7s^2 + 9s + 11}$，判定系统稳定性。

程序如下：

```
den = [1, 5, 7, 9, 11];
p = roots(den);
p1 = real(p)
global k = 1;
for i in p1
    if i >= 0
        global k = 0
        break
    end
end
if k == 1
    println("稳定")
else
    println("不稳定")
end
```

输出结果如下：

```
[-3.4649935860528434, -1.6680669308278309, 0.06653025844034101, 0.06653025844034101]
不稳定
```

结论：由于闭环极点存在正实部，所以系统不稳定。

3.4.2　使用劳斯判据判定稳定性

只要确定系统的所有特征根，就可以判定系统的稳定性，对于一阶控制系统和二阶控制系统，比较容易求出系统的特征根，也比较容易判定系统的稳定性，但是对于高阶控制系统，采用解析法求解非常困难，因此要采用各种间接判定方法。对于已知的特征方程式，它的特征根是由特征方程式的各项系数确定的，那么有没有可能不求解具体的特征根，而仅根据特征方程的已知系数的情况来确定特征根的分布特点，从而判定系统的稳定性呢？这正是代数稳定判据的基本思想，即劳斯判据。劳斯判据是劳斯（E.J.Routh）于 1877 年提出的稳定判据。根据代数方程的各项元素来确定方程中有几个极点位于 s 平面右半平面。

设系统的特征方程为

$$a_n s^n + a_{n-1} s^{n-1} + a_{n-2} s^{n-2} + a_{n-3} s^{n-3} + \cdots + a_1 s + a_0 = 0 \tag{3-49}$$

（1）若此闭环特征方程中 a_i 不是全部同号的或元素有等于零的项（缺项），则系统不稳定。

（2）若元素都是正值，将其元素排列成如下劳斯表：

$$
\begin{array}{ll}
s^n & a_n \quad a_{n-2} \quad a_{n-4} \quad a_{n-6} \quad \cdots\cdots \\
s^{n-1} & a_{n-1} \quad a_{n-3} \quad a_{n-5} \quad a_{n-7} \quad \cdots\cdots \\
s^{n-2} & b_1 \quad b_2 \quad b_3 \quad \cdots\cdots \\
s^{n-3} & c_1 \quad c_2 \quad \cdots\cdots \\
\cdots\cdots & \cdots\cdots \\
s^2 & e_1 \quad e_2 \\
s^1 & f_1 \\
s^0 & g_1
\end{array}
$$

表中的有关元素为

$$b_{1=}\frac{a_{n-1}a_{n-2} - a_n a_{n-3}}{a_{n-1}}, \quad b_2 = \frac{a_{n-1}a_{n-4} - a_n a_{n-5}}{a_{n-1}}, \quad b_3 = \frac{a_{n-1}a_{n-6} - a_n a_{n-7}}{a_{n-1}}$$

$$c_1 = \frac{b_1 a_{n-3} - a_{n-1} b_2}{b_1}, \quad c_2 = \frac{b_1 a_{n-5} - a_{n-1} b_3}{b_1}$$

$$\cdots\cdots \qquad\qquad \cdots\cdots$$

n 阶系统的劳斯表共有 $n+1$ 行元素，一直计算到 $n-1$ 行为止。为了简化数值计算，可以用一个正整数去除以或乘以某一行的各项，并不改变稳定性的结论。劳斯判据指出，特征方程的正实部根的数目与劳斯表中第一列(a_n, a_{n-1}, b_1, c_1, $\cdots$, e_1, f_1, g_1)中符号变化的次数相同。这个判据表明，对稳定系统而言，在相应的劳斯表的第一列中应该没有符号变化，这是系统稳定的充分必要条件。

劳斯表第一列的构成需考虑三种情形，其中每种情形都须分别对待，并且在必要时须改变劳斯表中的计算程序。

情形 1：第一列中没有元素为零。这时劳斯判据指出，系统极点实部为正实数根的数目等于劳斯表中第一列元素符号改变的次数。因此，系统极点全部在 s 平面的左半平面的充分必要条件是，方程的各项元素全部为正值，并且劳斯表的第一列都具有正号。

情形 2：第一列中出现零元素，且零元素所在的行中存在非零元素。如果第一列中出现 0，则可以用一个小的正数 ε 代替零元素参与计算，在完成劳斯表的计算之后，再令 $\varepsilon \rightarrow 0$ 即可得到代替的劳斯表。

情形3：在劳斯表的某一行中，所有元素都为零。这表明方程有一些关于原点对称的根，此时，可利用全0行的上一行构造一个辅助多项式，并以此辅助多项式 $P(s)$ 的导函数代替劳斯表中的全0行，然后继续计算。

【例3-12】已知闭环传递函数 $G(s) = \dfrac{11}{s^4 + 5s^3 + 7s^2 + 9s + 11}$，使用零极点图判定系统的稳定性。

程序如下：

```
p = [1 2 3 4 5];
p1 = p;
n = length(p1);
if mod(n, 2) == 0
    n1 = n / 2
else
    n1 = (n + 1) / 2
    p1 = [p1 0]
end
routh = reshape(p1, (2, Int(n1)));
Routhtable = [routh; zeros(n-2, Int(n1))];
for i = 3:n
    local ai = Routhtable[i-2, 1] / Routhtable[i-1, 1]
    for j = 1:Int(n1)-1
        Routhtable[i, j] = Routhtable[i-2, j+1] - ai * Routhtable[i-1, j+1]
    end
end
println(Routhtable);
p2 = Routhtable[1:n, 1];
println(p2);
global k = 1;
for i in p2
    if i <= 0
        global k = 0
        break
    end
end
if k == 1
    println("所要判定的系统是稳定的！")
else
    println("所要判定的系统是不稳定的！")
end
```

输出结果如下：

```
[1.0 3.0 5.0; 2.0 4.0 0.0; 1.0 5.0 0.0; -6.0 0.0 0.0; 5. 0.0 0.0]
[1.0,   2.0,  1.0,  -6.0,  5.0]
所要判定的系统是不稳定的!
```

结论：s 平面的右半平面有两个极点，因此该系统是不稳定的。

本 章 小 结

本章主要介绍了时域分析的相关概念和实践，包括时域分析的指标、时域分析的函数、线性系统时域分析和稳定性分析。时域分析是一种系统响应的研究方法，它通过时间来描述系统的性能。针对阶跃、脉冲、斜坡以及正弦等输入信号，本章分析了响应的周期、相位、带宽和稳定性等指标。

稳定性是控制系统的重要性能指标之一。一个稳定的系统会在受到外部干扰后恢复到其原始状态，而一个不稳定的系统则会继续偏离其原始状态。稳定性分析是确定系统是否稳定的过程，本章介绍了特征根、劳斯判据和一些案例，可帮助读者更好地掌握时域分析的相关知识。

习 题 3

3.1　已知闭环系统传递函数为 $\phi(s) = \dfrac{1}{s^2 + 0.5s + 1}$，试求系统的脉冲响应曲线。

3.2　已知某单位负反馈系统，开环传递函数为 $G(s) = \dfrac{2}{3s + 2}$，绘制其在单位阶跃信号下的响应曲线。

3.3　已知两个单位负反馈系统，开环传递函数分别为 $G_1(s) = \dfrac{2}{(s+1)(s+2)}$，$G_2(s) = \dfrac{2}{s(s+1)(s+2)}$，分别绘制其在单位斜坡信号下的响应曲线，并分析其不同。

3.4　已知典型二阶系统的传递函数为

$$\phi(s) = \frac{\omega_n}{s^2 + 2\zeta\omega_n s + \omega_n^2}$$

式中，自然频率 ω_n 为 3，利用 Syslab 绘制当阻尼比 ζ 分别为 0.1、0.3、0.707、1.0、2.0 时二阶系统的单位阶跃响应。

3.5　单位负反馈系统的开环传递函数为 $G(s) = \dfrac{5}{s(s+1)}$，绘制其单位阶跃响应，并计算峰值时间、调节时间、上升时间及超调量。

3.6　已知单位负反馈系统，其开环传递函数为 $G(s) = \dfrac{s+2}{s^2 + 10s + 1}$，系统输入信号为如图 3-28 所示的三角波，试求取系统输出响应。

3.7　系统的特征方程为 $s^6 + 2s^5 + s^4 + 3s^3 + 4s^2 + s + 6 = 0$，试计算特征根并判定系统稳

定性。

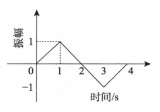

图 3-28 输入曲线图

3.8 设控制系统的开环传递函数为 $G(s)H(s) = \dfrac{K(s+1)}{s(Ts+1)(s+2)}$，试确定使闭环系统稳定的 K 与 T 的取值范围。

3.9 设一系统的开环传递函数为

$$G(s)H(s) = \frac{1}{s(1.2s+1)(0.8s+1)}$$

编写 Syslab 程序，试使用劳斯判据判定其稳定性。

第 4 章
基于 MWORKS 的控制系统频域分析

频域分析是控制系统设计和性能评估中常用的方法之一。在控制系统设计过程中，频域分析可以帮助工程师了解系统的频率响应特性，从而更好地设计合适的控制器。同时，频域分析还可以用于系统故障诊断和故障排除。

本章将介绍基于 MWORKS 的控制系统频域分析方法。首先，我们将介绍频域分析的基本概念和原理，包括频率响应函数、波特图等。其次，我们将详细讲解如何在 MWORKS 中进行频域分析，包括如何建立系统模型、如何进行频率响应测试等。最后，我们将通过实例演示如何利用 MWORKS 进行控制系统的频域分析和控制器设计。

本章内容旨在帮助读者掌握基于 MWORKS 的控制系统频域分析方法，提升控制系统设计和性能评估的能力。无论是控制系统工程师、研究人员还是学生，都可以通过本章的学习，更好地理解和应用频域分析方法。

通过本章学习，读者可以了解（或掌握）：

❖ 频域分析的基本概念和原理；

❖ MWORKS 中的频域分析工具；

❖ 频域分析在控制系统设计中的应用；

❖ 频域设计方法；

❖ 频域分析的实际案例分析。

控制系统中的信号可以表示为不同频率正弦信号的合成，控制系统的频率性能反映正弦信号作用下系统响应的性能。应用频率特性研究线性系统的经典方法称为频域分析法。频域分析法具有以下特点。

（1）控制系统及其元器件的频率特性可以运用分析法和实验方法获得，并可以用多种形式的曲线表示，因而系统分析和控制器设计可以应用图解法进行。

（2）频率特性物理意义明确。对于一阶系统和二阶系统，频域性能指标和时域性能指标有确定的对应关系；对于高阶系统，可建立近似的对应关系。

（3）控制系统的频域设计可以兼顾动态响应和噪声抑制两方面的要求。

（4）频域分析法不仅适用于线性定常系统，还可以推广应用于某些非线性控制系统。

本章介绍频域特性的基本概念和频率特性曲线的绘制方法，研究频域稳定判据和频域性能指标的估算方法。

4.1 频率特性的基本概念

首先以如图 4-1 所示的 RC 网络为例，讲解频率特性的基本概念。设电容 C 的初始电压为 u_o，取输入信号为正弦信号：

$$u_i = A \sin \omega t \tag{4-1}$$

记录网络的输入信号、输出信号，当输出电压 u_o 呈稳态时，记录曲线如图 4-2 所示。

由图 4-2 可见，RC 网络的稳态输出信号仍为正弦信号，频率与输入信号的频率相同，幅值较输入信号有一定衰减，其相位存在一定延迟。

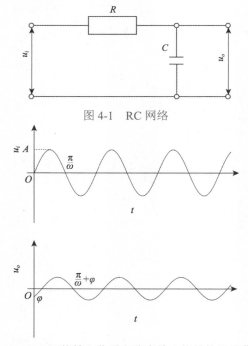

图 4-1 RC 网络

图 4-2 RC 网络输入信号和稳态输出信号的记录曲线

4.1.1　频率特性的定义

在正弦信号的作用下，线性定常系统稳态输出信号的振幅与输入信号振幅之比，称为幅频特性，用 $A(\omega)$ 表示；稳态输出信号的相位与输入信号相位之差，称为相频特性，用 $\varphi(\omega)$ 表示。即

$$A(\omega) = \frac{A_r}{A_c} = \frac{|\Phi(j\omega)|A_r}{A_r} = |\Phi(j\omega)| \tag{4-2}$$

$$\varphi(\omega) = [\omega t + \angle\Phi(j\omega)] - \omega t = \angle\Phi(j\omega) \tag{4-3}$$

幅频特性 $A(\omega)$ 与相频特性 $\varphi(\omega)$ 统称为幅相频率特性，可表示为

$$A(\omega)e^{j\varphi(\omega)} = |\Phi(j\omega)|e^{j\angle\Phi(j\omega)} = \Phi(j\omega) \tag{4-4}$$

将输入、输出的正弦函数用电路中的符号类比，可以定义频率特性。线性定常系统在正弦信号的作用下，输出信号的稳态分量与输入信号的复数比，称为系统的频率特性，且频率特性表达式可以通过与传递函数之间确切的简单关系来表示，即

$$\Phi(s)|_{s=j\omega} = \Phi(j\omega) = |\Phi(j\omega)|e^{j\angle\Phi(j\omega)} \tag{4-5}$$

对于一个给定的稳定线性定常系统，记其闭环传递函数为 $\Phi(s)$，在正弦信号 $r(t) = A_r\sin\omega t$ 作用下，其稳态输出信号为 $c(t) = A_c\sin(\omega t + \varphi)$，其中输出信号的幅值 $A_c = |\Phi(j\omega)|A_r$，相位 $\varphi = \angle\Phi(j\omega)$，如图 4-3 所示。

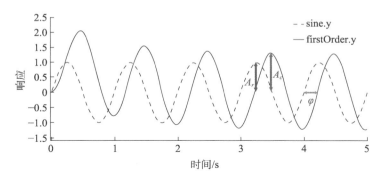

图 4-3　线性定常系统正弦信号输入/输出图

关于频率特性的几点说明如下。

（1）频率特性不只是对系统而言的，其概念对控制元器件、控制装置也适用。

（2）频率特性只适用于线性定常系统，否则不能用拉普拉斯变换求解，也不存在这种稳态对应关系。

（3）前面在推导频率特性时假定线性定常系统是稳定的，如果不稳定，则系统的输出信号 $c(t)$ 最终不可能趋于稳态分量，当然也就无法由实际系统直接观察到这种响应。但从理论上推导时其稳态分量总是可以分离出来的，而且其规律性并不依赖于系统的稳定性。因此可以扩展频率特性的概念，将频率特性定义为：在正弦信号输入下，线性定常系统输出信号的稳态分量与输入信号的复数比，以 $\Phi(j\omega)$ 或 $G(j\omega)$ 表示。

（4）由频率特性的表达式 $\Phi(j\omega)$ 或 $G(j\omega)$ 可知，其包含了系统或元器件的全部结构和参数，故尽管频率特性是一种稳态响应，但动态过程的规律性寓于其中。所以频率法运用稳态的频率特性间接研究系统的动态响应，从而避免了直接求解高阶微分方程的困难。

4.1.2　使用 MWORKS 求取频率特性

【例 4-1】设单位负反馈控制系统的开环传递函数为

$$G(s) = \frac{10}{s+1}$$

试求把下列输入信号作用在闭环系统上时系统的稳态输出。

① $r(t) = \sin(t + 30°)$；

② $r(t) = 2\cos(2t - 45°)$；

③ $r(t) = \sin(t + 30°) - 2\cos(2t - 45°)$。

（1）采用拉普拉斯变换与拉普拉斯反变换推导

将输入信号①②③分别进行拉普拉斯变换，得到如下结果。

$$\begin{cases} L_1(s) = e^{\frac{\pi}{6}s} \dfrac{1}{s^2+1} \\[3mm] L_2(s) = 2e^{-\frac{\pi}{8}s} \dfrac{s}{s^2+4} \\[3mm] L_3(s) = e^{\frac{\pi}{6}s} \dfrac{1}{s^2+1} - 2e^{-\frac{\pi}{8}s} \dfrac{s}{s^2+4} \end{cases} \tag{4-6}$$

分别将 $L_1(s)$、$L_2(s)$、$L_3(s)$ 与闭环传递函数 $\dfrac{10}{s+11}$ 相乘，分别整理并舍弃其衰减项，保留稳态项，得到如下结果。

$$\begin{cases} L_1'(s) = e^{\frac{\pi}{6}s}\left(0.902 \dfrac{1}{s^2+1} - 0.082 \dfrac{s}{s^2+1} \right) \\[3mm] L_2'(s) = e^{-\frac{\pi}{8}s}\left(0.16 \dfrac{4}{s^2+4} + 1.76 \dfrac{s}{s^2+4} \right) \\[3mm] L_3'(s) = e^{\frac{\pi}{6}s}\left(0.902 \dfrac{1}{s^2+1} - 0.082 \dfrac{s}{s^2+1} \right) - e^{-\frac{\pi}{8}s}\left(0.16 \dfrac{4}{s^2+4} + 1.76 \dfrac{s}{s^2+4} \right) \end{cases} \tag{4-7}$$

将三式分别进行拉普拉斯反变换，得到如下结果。

$$\begin{cases} c_1(t) = 0.905\sin(t + 24.8°) \\ c_2(t) = 1.79\cos(2t - 55.3°) \\ c_3(t) = 0.905\sin(t + 24.8°) - 1.79\cos(2t - 55.3°) \end{cases} \tag{4-8}$$

（2）使用 Sysplorer 进行建模

下拉 Modelica 选项下的 Blocks 选项，找到 Continuous 选项下的 TransferFunction 模块并拖入工作区，将 TransferFunction 模块参数修改为传递函数分子分母系数，如图 4-4 所示。

参数		
b	{10}	
a	{1, 1}	

图 4-4　修改 TransferFunction 模块参数

找到 Math 选项下的 Add 模块并拖入工作区，将 Add 模块的 k2 参数修改为–1，如图 4-5 所示。

参数		
k1	+1	
k2	-1	

图 4-5　修改 Add 模块参数

找到 Sources 选项下的 Sine 模块并拖入工作区，构成输入信号①的输入源，并按图 4-6 所示修改参数。注意，将参数 phase 栏的单位修改为 deg。

参数		
offset	0	
startTime	0	s
amplitude	1	
f	1	rad/s
phase	30	deg

图 4-6　修改 Sine 模块参数

按照题目要求连接各个模块，构建闭环负反馈系统，如图 4-7 所示。

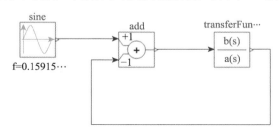

图 4-7　MWORKS 中搭建的系统

为了检测计算结果是否正确，可以添加由计算结果得到的 Sine1 模块，并观测其结果与仿真结果是否一致。复制 Sine 模块，得到 Sine1 模块并修改模块参数，如图 4-8 所示。

参数		
offset	0	
startTime	0	s
amplitude	0.905	
f	1	rad/s
phase	24.8	deg

图 4-8　修改 Sine1 模块参数

单击"仿真设置"，将终止时间修改为10s，如图4-9所示。

图4-9　仿真设置1

单击"仿真"，得到输入信号①的仿真结果，如图4-10所示。

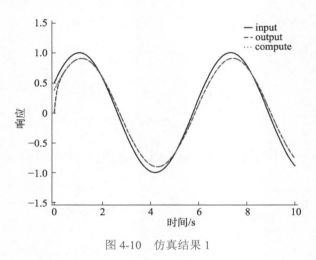

图4-10　仿真结果1

找到 Sources 选项下的 Cosine 模块并拖入工作区，构成输入信号②的输入源，并按图4-11所示修改参数。

参数		
offset	0	
startTime	0	s
amplitude	2	
f	2	rad/s
phase	-45	deg

图4-11　修改 Cosine 模块参数

将 Sine 模块替换为 Cosine 模块，并连入系统。同样，为了检测计算结果是否正确，可以添加由计算结果得到的 Cosine1 模块，并观测其结果与仿真结果是否一致。复制 Cosine 模块，得到 Cosine1 模块并修改模块参数，如图4-12所示。

参数		
offset	0	
startTime	0	s
amplitude	1.79	
f	2	rad/s
phase	-55.3	deg

图 4-12   修改 Cosine1 模块参数

单击"仿真",得到以信号②为输入信号的仿真结果,如图 4-13 所示。

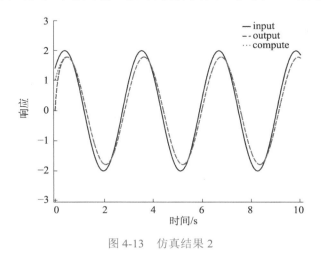

图 4-13   仿真结果 2

复制 Add 模块,将 Sine 模块和 Cosine 模块与 Add 模块连接,形成的新信号作为输入信号③,如图 4-14 所示。

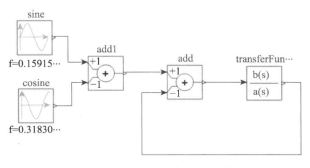

图 4-14   MWORKS 中搭建的系统

添加 Add2 模块,将 Sine1 模块和 Cosine1 模块与 Add2 模块连接,作为计算验证对照组。

为了观察一个周期内的完整仿真结果,单击"仿真设置",将终止时间修改为 20s,如图 4-15 所示。

单击"仿真",得到以信号③为输入信号的仿真结果,如图 4-16 所示。

从三个输入信号的仿真结果可以看出,仿真所得输出信号与拉普拉斯变换推导而来的计算结果吻合。

图 4-15　仿真设置 2

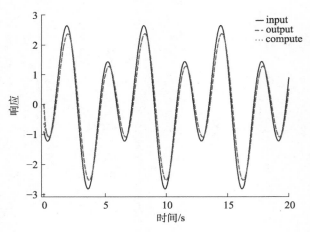

图 4-16　仿真结果 3

4.2　频率特性的曲线表示

4.2.1　幅频特性、相频特性和幅相特性

在工程分析和设计中，通常把频率特性画成一些曲线，通过这些曲线对系统进行研究，常用的一些曲线有幅频特性曲线、相频特性曲线、幅相特性曲线、对数频率特性曲线。下面以 4.1 节中的 RC 网络为例来展示这些曲线。由 4.1 节可知，RC 网络的频率特性为

$$G(\mathrm{j}\omega) = \frac{1}{T\mathrm{j}\omega + 1} = \frac{1}{\sqrt{(T\omega)^2 + 1}} \mathrm{e}^{-\mathrm{j}\arctan T\omega} \qquad （4\text{-}9）$$

RC 网络的幅频特性、相频特性随输入正弦函数的频率 ω 变化的数据如表 4-1 所示。

表 4-1　幅频特性和相频特性数据

ω	0	$\dfrac{1}{2T}$	$\dfrac{1}{T}$	$\dfrac{2}{T}$	$\dfrac{3}{T}$	$\dfrac{4}{T}$	$\dfrac{5}{T}$	∞
$1/\sqrt{(T\omega)^2+1}$	1	0.89	0.707	0.45	0.32	0.24	0.2	0
$-\arctan T\omega\ /\,°$	0	−26.6	−45	−63.5	−71.5	−76	−78.7	−90

幅频特性曲线是以频率 ω 为横坐标，以幅频特性 $A(\omega)$ 为纵坐标画出的 $A(\omega)$ 随频率 ω 变化的曲线。RC 网络的幅频特性曲线如图 4-17(a)所示。

相频特性曲线是以频率 ω 为横坐标，以相频特性 $\varphi(\omega)$ 为纵坐标画出的 $\varphi(\omega)$ 随频率 ω 变化的曲线。RC 网络的相频特性曲线如图 4-17(b)所示。

幅相特性曲线以频率 ω 为参变量，将幅频特性与相频特性同时表示在复数平面上。图中实轴正方向为相角的零度线，逆时针方向转过的角度为正角度，顺时针方向转过的角度为负角度。对于一个确定的频率，必有一个幅频特性的幅值和一个相频特性的相角与之对应，例如，表 4-1 中，在 $\omega = \dfrac{1}{T}$ 时，$A(\omega) = 0.707$，$\varphi(\omega) = -45°$。根据 $A(\omega)$ 与 $\varphi(\omega)$ 的值，在复数平面上画出一个向量。当频率 ω 由零变到无穷大时，可在复数平面上画出一组向量，将这组向量的矢端连成一条曲线，即幅相特性曲线，又称奈奎斯特曲线。RC 网络的幅相特性曲线如图 4-18 所示。

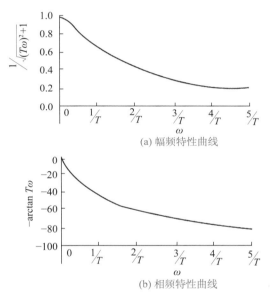

图 4-17　RC 网络的幅频特性曲线与相频特性曲线

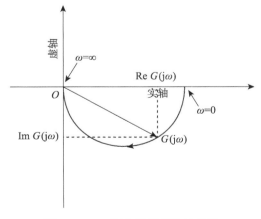

图 4-18　RC 网络的幅相特性曲线

4.2.2　对数频率特性

为了较方便地绘制频率特性曲线，常将幅频特性曲线与相频特性曲线画在对数坐标上，称为对数频率特性曲线，这种几何表示方法应用十分广泛。对数频率特性曲线又称波特曲线或波特图，又叫 Bode 图，由对数幅频特性曲线和对数相频特性曲线组成。

对数幅频特性曲线的纵坐标为幅频 $A(\omega)$ 取对数（以 10 为底）后再乘以 20，即 $20\lg A(\omega)$，用 $L(\omega)$ 表示，单位为分贝（dB），即

$$L(\omega) = 20\lg A(\omega)\mathrm{dB} \qquad (4\text{-}10)$$

横坐标按 $\lg\omega$ 分度，但标注的数字是 ω，由于它按以 10 为底的对数刻度，因此频率每变化十倍，横坐标轴上就变化一个单位长度，称为"十倍频程"。对数刻度是不均匀的。

对数相频特性曲线的纵坐标为相频特性 $\varphi(\omega)$ 值，是线性刻度，单位为度（°）。横坐标以 $\lg\omega$ 分度，标注的数字仍然是 ω。

对数分度如图 4-19 所示，在线性分度中，当变量增大或减小 1 时，坐标间距离变化一个单位长度；而在对数分度中，当变量增大或减小 10 倍时——称为十倍频程（dec），坐标点相对于左端点的距离为如表 4-2 所示的值乘以 l。

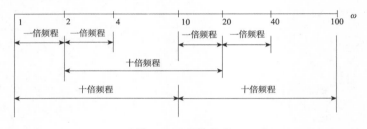

图 4-19　对数分度

表 4-2　十倍频程中的对数分度

ω/ω_0	1	2	3	4	5	6	7	8	9	10
$\lg(\omega/\omega_0)$	0	0.301	0.477	0.602	0.699	0.788	0.845	0.903	0.954	1

对数频率特性曲线采用 ω 的对数分度实现横坐标的非线性压缩，便于在较大频率范围内反映频率特性的变化情况。对数幅频特性曲线通过 $20\lg A(\omega)$ 将幅值的乘除运算化为加减运算，以简化曲线的绘制过程。

【例 4-2】系统开环传递函数为

$$G(s) = \frac{10}{(0.1s+1)(s+1)}$$

绘制系统波特图。

开环由三个典型环节组成，每个环节的对数幅频与对数相频都是已知的，即

（1）$G_1(s) = 10$，$L_1(\omega) = 20\lg|G_1(\mathrm{j}\omega)| = 20\mathrm{dB}$，$\varphi_1(\omega) = 0°$。

（2）$G_2(s) = \dfrac{1}{s+1}$，$L_2(\omega) = -20\lg\sqrt{\omega^2+1}$，$\varphi_2(\omega) = -\arctan\omega$，惯性环节的转折频率是 $\omega_2 = 1.0\mathrm{rad/s}$。

（3）$G_3(s) = \dfrac{1}{0.1s+1}$，$L_3(\omega) = -20\lg\sqrt{(0.1\omega)^2+1}$，$\varphi_3(\omega) = -\arctan 0.1\omega$，惯性环节的转折频率是 $\omega_3 = 10\,\text{rad/s}$。

使用 Julia 语言在 Syslab 中编程，代码如下：

```
clear()
sys = zpk([], [-10, -1], 100)
# 绘制波特图
波特(sys)

# 绘制幅频特性曲线辅助线
subplot(2, 1, 1)
hold("on")
plot([0.1, 1000], [0, 0], "-k");
# 绘制渐近线
plot([0.1, 1], [20, 20], "--k", [1, 10], [20, 0], "--k", [10, 100], [0, -40], "--k");
# 绘制叠加曲线
plot([0.1, 100], [20, 20], ":k", [1, 100], [0, -40], ":k", [10, 100], [0, -20], ":k");

# 绘制相频特性曲线辅助线
subplot(2, 1, 2)
hold("on")
plot([0.1, 1000], [0, 0], "-k");
ylabel("相角/deg")
# 绘制叠加曲线
w1 = [0.1,0.2, 0.5, 1,2, 5, 10]
f1 = -atand.(w1 )
plot(w1, f1, ":k");
w2 = [ 1,2, 5, 10,20,50,100]
f2 = -atand.(0.1.*w2)
plot(w2, f2, ":k");
xlabel("频率/rad/s")
ylabel("幅值/dB")
```

结果如图 4-20 所示。

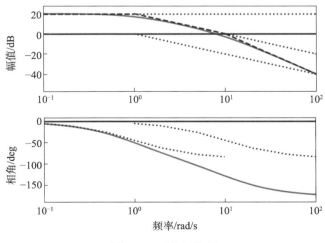

图 4-20　系统波特图

4.2.3　典型环节的频率特性

本节研究开环系统的典型环节及相应的频率特性。由于开环传递函数的分子和分母多项式的系数皆为实数，因此系统开环零极点为实数或共轭复数。根据开环零极点可将分子和分母多项式分解成因式，再将因式分类，即得典型环节。典型环节可分为两大类：一类为最小相位环节；另一类为非最小相位环节。

最小相位环节有下列七种：

（1）比例环节 K，$K > 0$；

（2）惯性环节 $1 / (Ts + 1)$，$T > 0$；

（3）一阶微分环节 $Ts + 1$，$T > 0$；

（4）振荡环节 $1 / (s^2 / \omega_n^2 + 2\zeta s / \omega_n + 1)$，$\omega_n > 0, 0 < \zeta < 1$；

（5）二阶微分环节 $s^2 / \omega_n^2 + 2\zeta s / \omega_n + 1$，$\omega_n > 0, 0 < \zeta < 1$；

（6）积分环节 $1 / s$；

（7）微分环节 s。

非最小相位环节有下列五种：

（1）比例环节 K，$K < 0$；

（2）惯性环节 $1 / (-Ts + 1)$，$T > 0$；

（3）一阶微分环节 $-Ts + 1$，$T > 0$；

（4）振荡环节 $1 / (s^2 / \omega_n^2 - 2\zeta s / \omega_n + 1)$，$\omega_n > 0, 0 < \zeta < 1$；

（5）二阶微分环节 $s^2 / \omega_n^2 - 2\zeta s / \omega_n + 1$，$\omega_n > 0, 0 < \zeta < 1$。

用频率法研究控制系统的稳定性和动态响应是根据系统的开环频率特性进行的，而控制系统的开环频率特性通常是由各典型环节的频率特性组成的，掌握好各典型环节的频率特性，可以很方便地绘制出系统的开环频率特性曲线。

1. 比例环节

传递函数为

$$G(s) = K \qquad (4-11)$$

故幅相特性

$$G(j\omega) = K = Ke^{j0} \qquad (4-12)$$

可以得到幅频特性 $A(\omega) = K$；相频特性 $\varphi(\omega) = 0°$；对数幅频特性 $L(\omega) = 20\lg A(\omega) = 20\lg K$。比例环节的幅相特性曲线为实轴上一点，如图 4-21 所示。

对数频率特性：$L(\omega) = 20\lg K$；$\varphi(\omega) = 0°$。比例环节波特图如图 4-22 所示。

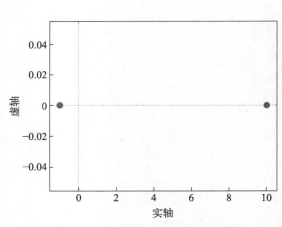

图 4-21　比例环节的幅相特性曲线

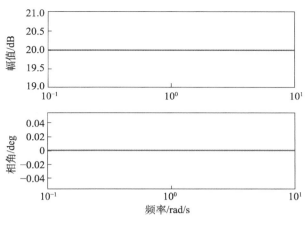

图 4-22　比例环节波特图

Syslab 代码如下：

```
H = tf(10);

# 绘制幅相特性曲线
figure(1)
nyquist(H)

# 绘制波特图
figure(2)
波特(H)
```

2. 积分环节

传递函数为 $G(s) = \dfrac{1}{s}$；频率特性 $G(j\omega) = \dfrac{1}{j\omega}$；幅频特性 $A(\omega) = \dfrac{1}{\omega}$；相频特性 $\varphi(\omega) = -90°$，积分环节的幅相特性曲线如图 4-23 所示。

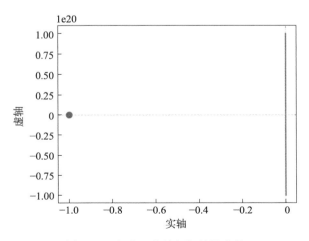

图 4-23　积分环节的幅相特性曲线

对数频率特性：$L(\omega) = 20\lg\dfrac{1}{\omega} = -20\lg\omega$；$\varphi(\omega) = -90°$。积分环节波特图如图 4-24 所示。

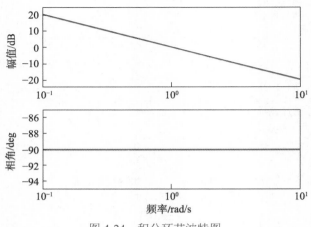

图 4-24　积分环节波特图

Syslab 代码如下：

```
H = tf(1, [1,0]);

# 绘制幅相特性曲线
figure(1)
nyquist(H)

# 绘制波特图
figure(2)
波特(H)
```

3. 微分环节

微分环节的传递函数为 $G(s) = s$（纯微分）；频率特性 $G(\mathrm{j}\omega) = \mathrm{j}\omega$；幅频特性 $A(\omega) = \omega$；相频特性 $\varphi(\omega) = 90°$，微分环节的幅相特性曲线如图 4-25 所示。

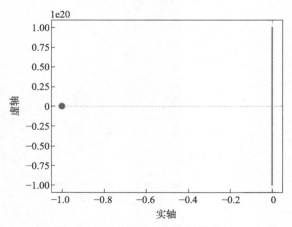

图 4-25　微分环节的幅相特性曲线

对数频率特性：$L(\omega) = 20\lg\omega$；$\varphi(\omega) = 90°$。微分环节波特图如图 4-26 所示。

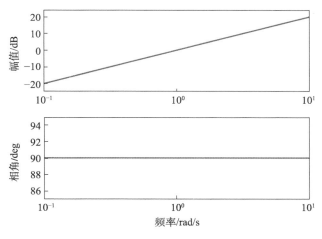

图 4-26　微分环节波特图

Syslab 代码如下：

```
H = tf([1,0],[0,1]);

# 绘制幅相特性曲线
figure(1)
nyquist(H)

# 绘制波特图
figure(2)
波特(H)
```

4. 惯性环节

惯性环节的传递函数为 $G(s) = \dfrac{1}{Ts+1}$；频率特性 $G(j\omega) = \dfrac{1}{Tj\omega+1}$；$A(\omega) = \dfrac{1}{\sqrt{(T\omega)^2+1}}$；

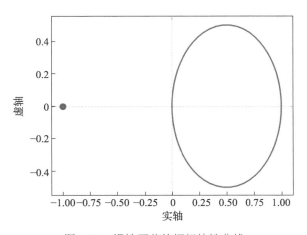

$\varphi(\omega) = -\arctan T\omega$。

当 $\omega = 0$ 时，$A(0) = 1$，$\varphi(0) = 0°$；当 $\omega = \dfrac{1}{T}$ 时，$A\left(\dfrac{1}{T}\right) = \dfrac{1}{\sqrt{2}}$，$\varphi\left(\dfrac{1}{T}\right) = -45°$；当 $\omega = \infty$ 时，$A(\infty) = 0$，$\varphi(\infty) = -90°$，惯性环节的幅相特性曲线如图 4-27 所示。

对数频率特性：$L(\omega) = 20\lg\dfrac{1}{\sqrt{(T\omega)^2+1}}$，

$\varphi(\omega) = -\arctan T\omega$。当 $T\omega \ll 1$ 时，$L(\omega) \approx$ $20\lg 1 = 0$，当 $T\omega \gg 1$ 时，$L(\omega) \approx 20\lg\dfrac{1}{T\omega}$。

图 4-27　惯性环节的幅相特性曲线

惯性环节波特图如图 4-28 所示。

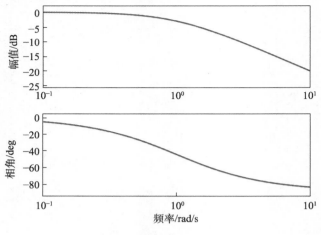

图 4-28　惯性环节波特图

Syslab 代码如下：

```
H = tf(1, [1,1]);

# 绘制幅相特性曲线
figure(1)
nyquist(H)

# 绘制波特图
figure(2)
波特(H)
```

5. 振荡环节

传递函数为 $G(s) = \dfrac{1}{T^2 s^2 + 2\xi T s + 1}$ （式中，$T = \dfrac{1}{\omega_n}$，$0 < \xi < 1$）；频率特性：

$G(j\omega) = \dfrac{1}{1 - T^2\omega^2 + 2\xi T j\omega}$；$A(\omega) = \dfrac{1}{\sqrt{\left(1 - T^2\omega^2\right)^2 + \left(2\xi T\omega\right)^2}}$；$\varphi(\omega) = -\arctan\dfrac{2\xi T\omega}{1 - T^2\omega^2}$。当 $\omega = 0$

时，$A(0) = 1$，$\varphi(0) = 0°$；当 $\omega = \dfrac{1}{T} = \omega_n$ 时，$A\left(\dfrac{1}{T}\right) = \dfrac{1}{2\xi}$，$\varphi\left(\dfrac{1}{T}\right) = -90°$；当 $\omega = \infty$ 时，$A(\infty) = 0$，

$\varphi(\infty) = -180°$。

令 $\dfrac{\mathrm{d}A(\omega)}{\mathrm{d}\omega} = 0$，有谐振频率 $\omega_r = \omega_n\sqrt{1 - 2\xi^2}$，谐振值 $M_r = A(\omega_r) = \dfrac{1}{2\xi\sqrt{1 - \xi^2}}$。当 ω_n 固定

时，ζ 越小，ω_r 越接近 ω_n，M_r 越大；当 ζ 大于 $\dfrac{\sqrt{2}}{2}$ 时，将不发生谐振，即 $A(\omega)$ 随着 ω 增大

而单调减小，振荡环节的幅相特性曲线如图 4-29 所示。

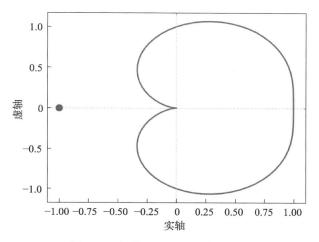

图 4-29　振荡环节的幅相特性曲线

对数频率特性：$L(\omega) = -20\lg\sqrt{\left(1-T^2\omega^2\right)^2 + \left(2\xi T\omega\right)^2}$；$\varphi(\omega) = -\arctan\dfrac{2\xi T\omega}{1-T^2\omega^2}$。当 $T\omega \ll 1$

时，$L(\omega) \approx 20\lg 1 = 0$；当 $T\omega \gg 1$ 时，$L(\omega) \approx 20\lg(T\omega)^2$。振荡环节波特图如图 4-30 所示。

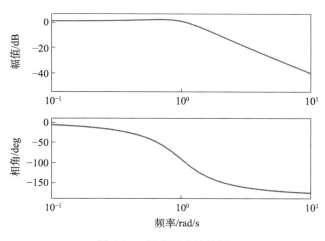

图 4-30　振荡环节波特图

Syslab 代码如下：

```
H = tf(1, [1,1,1]);

# 绘制幅相特性曲线
figure(1)
nyquist(H)

# 绘制波特图
```

figure(2)
波特(H)

4.3 系统的开环频率特性 ///////////////

4.3.1 开环幅相特性曲线

设系统的开环传递函数由若干个典型环节相串联，即

$$G(s) = G_1(s) \cdot G_2(s) \cdot G_3(s) \tag{4-13}$$

其开环频率特性经过整理后为

$$\left|G(\mathrm{j}\omega)\right|\mathrm{e}^{\mathrm{j}\angle G(\mathrm{j}\omega)} = \left|G_1(\mathrm{j}\omega)\right|\left|G_2(\mathrm{j}\omega)\right|\left|G_3(\mathrm{j}\omega)\right|\mathrm{e}^{\mathrm{j}[\angle G_1(\mathrm{j}\omega) + \angle G_2(\mathrm{j}\omega) + \angle G_3(\mathrm{j}\omega)]} \tag{4-14}$$

所以系统的开环幅频与开环相频分别为

$$A(\omega) = \left|G_1(\mathrm{j}\omega)\right|\left|G_2(\mathrm{j}\omega)\right|\left|G_3(\mathrm{j}\omega)\right| = A_1(\omega) \cdot A_2(\omega) \cdot A_3(\omega) \tag{4-15}$$

$$\varphi(\omega) = \angle G_1(\mathrm{j}\omega) + \angle G_2(\mathrm{j}\omega) + \angle G_3(\mathrm{j}\omega) = \varphi_1(\omega) + \varphi_2(\omega) + \varphi_3(\omega) \tag{4-16}$$

下面分几种情况讨论，当 $G(s) = \prod\limits_{i=1}^{n} \dfrac{K}{T_i s + 1}$ 时，即系统开环传递函数中不包含积分环节和微分环节时。

若 $n = 1$ 时， $G(\mathrm{j}\omega) = \dfrac{K}{T_i \mathrm{j}\omega + 1}$ ，则

当 $\omega = 0$ 时， $G(\mathrm{j}0) = K\angle 0°$ ；

当 $\omega = \infty$ 时， $G(\mathrm{j}\infty) = 0\angle -\dfrac{\pi}{2}$ 。

其系统开环幅相特性曲线如图 4-31 中 $n=1$ 的曲线所示。当开环传递函数由一个惯性环节和比例环节相串联时，其开环幅相特性曲线从正实轴开始，随 ω 从 $0 \to \infty$ 变化时，顺时针转过 $\dfrac{\pi}{2}$ 角，最后与负虚轴相切。

若 $n = 2$ 时， $G(\mathrm{j}\omega) = \dfrac{K}{(T_i \mathrm{j}\omega + 1)(T_2 \mathrm{j}\omega + 1)}$ ，则

当 $\omega = 0$ 时， $G(\mathrm{j}0) = K\angle 0°$ ；

当 $\omega = \infty$ 时， $G(\mathrm{j}\infty) = 0\angle -2\dfrac{\pi}{2}$ 。

其系统开环幅相特性曲线如图 4-31 中 $n=2$ 的曲线所示。从图中可以看出，当开环传递函数由两个惯性环节和比例环节相串联时，其开环幅相特性曲线从正实轴开始，随 ω 从 $0 \to \infty$ 变化时，顺时针转过两个 $\dfrac{\pi}{2}$ 角，即 $-\pi$ 角，最后与负实轴相切。

以此类推，当开环传递函数由 n 个惯性环节与比例环节串联时的开环幅相特性曲线也是从正实轴开始，随 ω 从 $0 \to \infty$ 变化时，顺时针转过 n 个象限。

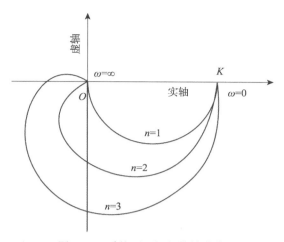

图 4-31 系统开环幅相特性曲线

当 $G(s) = \dfrac{K\prod\limits_{i=1}^{m}(\tau_i s+1)}{\prod\limits_{i=1}^{n}(T_i s+1)}$ 时，若 $m=1$，$n=3$ 时，$G(\mathrm{j}\omega) = \dfrac{K(\tau_1 \mathrm{j}\omega+1)}{(T_1 \mathrm{j}\omega+1)(T_2 \mathrm{j}\omega+1)(T_3 \mathrm{j}\omega+1)}$，则

当 $\omega=0$ 时，$G(\mathrm{j}0) = K\angle 0°$；

当 $\omega=\infty$ 时，$G(\mathrm{j}\infty) = 0\angle -2\dfrac{\pi}{2}$。

当 T_1、T_2 大于 τ_1，$\tau_1 > T_3$ 时，系统开环幅相特性曲线如图 4-32 所示。从图 4-32 可以看出，由于系统开环传递函数中分子含有一阶微分环节，其开环幅相特性曲线可能出现凹凸，但仍从正实轴开始。

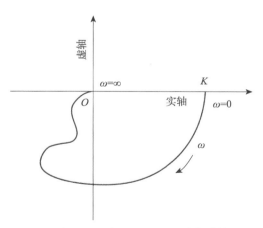

图 4-32　取 $m=1$，$n=3$ 且 T_1、T_2 大于 τ_1，$\tau_1 > T_3$ 时的系统开环幅相特性曲线

若开环传递函数中分子含有 m 个一阶微分环节，分母含有 n 个惯性环节（应补充 $m \leqslant n$，该条件对实际系统总成立，此时 $G(\mathrm{j}\infty)$ 表达式正确），其开环幅相特性变化的趋势是

当 $\omega=0$ 时，$G(\mathrm{j}0) = 0\angle m\dfrac{\pi}{2}$；

当 $\omega = \infty$ 时，$G(j\infty) = 0\angle(m-n)\dfrac{\pi}{2}$。

当 $G(s) = \dfrac{K}{s^{v}(Ts+1)}$ 时，即开环传递函数含有积分环节时，若 $v=1$ 时，$G(j\omega) = \dfrac{K}{j\omega(Tj\omega+1)}$，则

当 $\omega = 0$ 时，$G(j0) = \infty\angle -\dfrac{\pi}{2}$；

当 $\omega = \infty$ 时，$G(j\infty) = 0\angle -2\dfrac{\pi}{2}$。

当开环传递函数中含有一个积分环节时，其开环幅相特性曲线从负虚轴方向开始，但不是从负虚轴上开始。

若 $v=2$ 时，$G(j\omega) = \dfrac{K}{(j\omega)^{2}(Tj\omega+1)}$，则

当 $\omega = 0$ 时，$G(j0) = \infty\angle -2\dfrac{\pi}{2}$；

当 $\omega = \infty$ 时，$G(j\infty) = 0\angle -3\dfrac{\pi}{2}$。

当开环传递函数中含有两个积分环节时，其开环幅相特性曲线从负实轴的方向开始，开环传递函数含有积分环节时，零频时的幅值为无穷大。开环传递函数含有积分环节时的开环幅相特性曲线如图 4-33 所示。

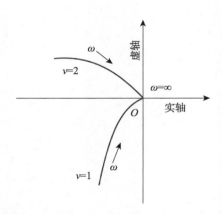

图 4-33 开环传递函数含有积分环节时的开环幅相特性曲线

4.3.2 开环对数频率特性曲线

根据式（4-15）和式（4-16），可以写出系统开环对数幅频与对数相频表达式。开环对数幅频为

$$L(\omega) = 20\lg A(\omega) = 20\lg A_{1}(\omega) + 20\lg A_{2}(\omega) + 20\lg A_{3}(\omega) \tag{4-17}$$

开环对数相频为

$$\varphi(\omega) = \varphi_1(\omega) + \varphi_2(\omega) + \varphi_3(\omega) \qquad (4\text{-}18)$$

由式（4-17）和式（4-18）可知，系统开环对数幅频等于各环节的对数幅频之和，系统开环对数相频等于各环节对数相频之和。

运用对数化，将相乘变为相加，而环节的对数幅频又可以近似用直线代替，而对数相频又具有奇对称的性质，故绘制系统的开环对数频率特性曲线就比较容易，具体方法参考 4.2.2 节的例题。

4.4 频域稳定性分析

4.4.1 稳定性判据

控制系统的闭环稳定性是系统分析和设计所需解决的首要问题，奈奎斯特稳定判据和对数频率稳定判据是常用的两种频域稳定判据。频域稳定判据的特点是，根据开环系统频率特性曲线判定闭环系统的稳定性。频域稳定判据使用方便，易于推广。

奈奎斯特稳定判据：半闭合曲线 Γs 不穿过$(-1,j0)$点，且逆时针包围临界点$(-1,j0)$的点数 R 等于开环传递函数的正实部极点数 P。闭环系统不稳定特征根个数 $Z = P - R$，若 $Z = 0$，则系统稳定；若 $Z \neq 0$，则系统不稳定。

【例 4-3】已知某系统开环传递函数为

$$G(s)H(s) = \frac{580}{0.0006s^3 + 0.5s^2 + 13s + 200}$$

利用奈奎斯特稳定判据判断此系统在进入闭环情况下的稳定性，并输入阶跃信号，求出系统的响应曲线并进行验证。

求解过程如下。

（1）求出开环系统的特征方程，并求解特征根。

$$1 + \frac{580}{0.0006s^3 + 0.5s^2 + 13s + 200} = 0 \qquad (4\text{-}19)$$

求解得到 $s_1 = -807$，$s_{2,3} = -13.17 \pm 15.48i$，即得到三个具有负实部的稳定特征根，在 s 左半平面，这说明开环系统稳定，$P = 0$。

（2）绘制开环系统的奈奎斯特曲线，并用以判定进入闭环后系统的稳定性。如图 4-34 所示，系统开环奈奎斯特曲线不包围$(-1,j0)$点，即 $R = 0$。

根据奈奎斯特稳定判据公式，$Z = P - R$，得出 $Z = 0$，所以闭环系统是稳定的。

（3）求出阶跃响应，并根据阶跃响应绘制系统单位阶跃响应曲线，如图 4-35 所示。尽管

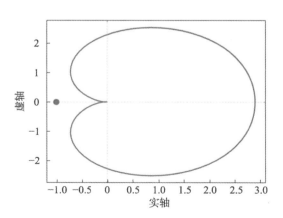

图 4-34　开环系统的奈奎斯特曲线

系统超调偏大，性能指标并不理想，但最终达到稳定状态，与奈奎斯特判据结果一致。这里仅考虑系统稳定性，对于系统性能指标的校正，在后续章节中加以说明。

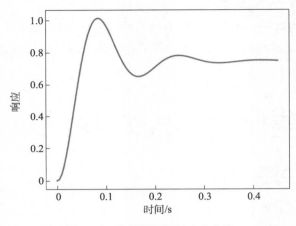

图 4-35　系统单位阶跃响应曲线

（4）使用 Julia 语言在 Syslab 中编程，代码如下：

```
clear()
# 构建原系统
num = [580];
den = [0.0006, 0.5, 13, 200];
sys = tf(num, den);

# 计算系统闭环特征根
roots(den)

# 绘制系统奈奎斯特曲线
figure(1)
nyquist(sys)

# 绘制系统单位阶跃响应曲线
figure(2)
res, t = step(sys / (1 + sys), 0.45, fig=false)
plot(t, res, "-");
xlabel("时间/s")
ylabel("响应")
```

对数频率稳定判据：闭环系统稳定的充要条件是，在 $L(\omega) > 0\text{dB}$ 的所有频段内，$\varphi(\omega)$ 正负穿越 $-180°$ 线的次数差为 $\dfrac{P}{2}$，即 $Z = P - 2(N^+ - N^-) = 0$。

【例 4-4】已知某系统开环传递函数为

$$G(s)H(s) = \frac{10000(s+1)^2}{(s+0.001)^3(s+10)(s+100)}$$

利用对数频率稳定判据判定系统的稳定性，并输入阶跃信号，求出系统的响应曲线并进行验证。

求解过程如下。

（1）计算系统截止频率及穿越频率。

设 $\omega = \omega_c$ 时，

$$\begin{cases} A(\omega_c) = |G(j\omega_c)H(j\omega_c)| = 1 \\ L(\omega_c) = 20\log A(\omega_c) = 0 \end{cases} \tag{4-20}$$

称 ω_c 为截止频率。对于复平面的负实轴和开环对数相频特性，当取频率为穿越频率 ω_x 时，

$$\varphi(\omega_x) = (2k+1)\pi; \quad k = 0, \pm 1, \cdots \tag{4-21}$$

使用 Syslab 中的 margin() 函数可求得系统截止频率及穿越频率。解得截止频率 $\omega_c = 7.93$，穿越频率 $\omega_{x1} = 0.0017$，$\omega_{x2} = 1.13$，$\omega_{x1} = 27.93$。

（2）绘制系统波特图，如图 4-36 所示。

在系统对数相频特性曲线中，在 $L(\omega) > 0$ 频段内，$\varphi(\omega)$ 曲线与 –180°线有两个交点，频率由小到大，分别为一次负穿越和一次正穿越，故 $N = N_+ - N_- = 0$。

按照对数稳定判据，有 $Z = P - 2N = 0$，且 $\varphi(\omega_c) \neq (2k+1)\pi$；$k = 0,1,2,\cdots$，故系统闭环稳定。

（3）绘制系统单位阶跃响应曲线，如图 4-37 所示，系统趋于稳定，与对数稳定判据结果一致。

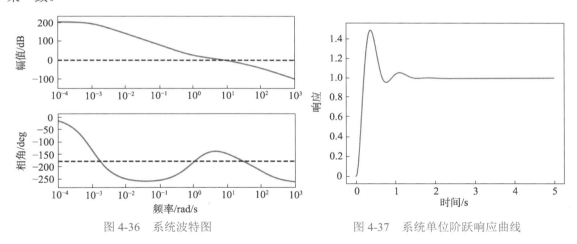

图 4-36　系统波特图　　　　　　图 4-37　系统单位阶跃响应曲线

（4）使用 Julia 语言在 MWORKS.Syslab 中编程，代码如下：

```
clear()
# 构建原系统
s = tf("s")
sys = 10000 * (s + 1)^2 / ((s + 0.001)^3 * (s + 10) * (s + 100))

# 计算系统截止频率及穿越频率
Gm, Pm, Wcg, Wcp = margin(sys, fig=false)

# 绘制波特图
figure(1)
```

```
波特(sys)
subplot(2, 1, 1)
hold("on")
plot([0.0001, 1000], [0, 0], "--k");
subplot(2, 1, 2)
hold("on")
plot([0.0001, 1000], [-180, -180], "--k");

# 绘制系统单位阶跃响应曲线
figure(2)
res, t = step(sys / (1 + sys), 5, fig=false)
plot(t, res, "-");
xlabel("时间/s")
ylabel("响应")
```

4.4.2　波特图分析

对于最小相位系统而言，幅频特性曲线与相频特性曲线是一一对应的，即可以通过幅频特性曲线得到相频特性曲线中的信息，例如，可以通过幅值裕度（GM）来判断相角裕度（PM）的大小。利用最小相位系统的一一对应特性，可通过研究系统的波特图来判断系统的特性，即快、准、稳，然后通过串联或者增加反馈装置来调节现有系统的幅频特性曲线，以满足对系统的要求，如稳定性要求（相角裕度、幅值裕度），稳态精度（稳态误差），响应时间（对应频域中的剪切频率、时域中的调节时间）。

频段理论分为低频、中频和高频。利用三频段特性来设计系统或系统的校正装置。这三个频段分别影响了系统的不同特性。低频主要对应系统的稳态精度和响应速度；中频主要反映了系统的稳定性和动态性能；高频主要体现了系统的抗噪声能力，高频的斜率越大，则抗噪声能力越强。

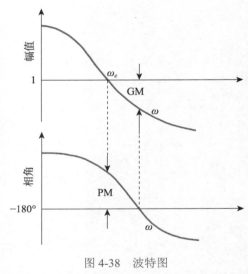

图 4-38　波特图

表 4-3　开环频域指标对应表

开环频域指标	含义
开环剪切频率（ω_c）	开环频率特性幅值为 1 时对应的频率
幅值裕度（GM）	在相角等于–180°的频率上，幅频特性 $|G(j\omega)|$ 的倒数
相角裕度（PM）	在剪切频率处，相频特性距–180°线的相位差

【例 4-5】设闭环系统如图 4-39 所示，绘制其开环传递函数波特图，并确定其幅值裕度和相角裕度。

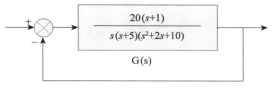

图 4-39　闭环系统

```
s = tf('s')
Gopenloop = 20*(s+1)/(s*(s+5)*(s^2+2*s+10))

# 计算系统幅值裕度、相角裕度等参数
margin(Gopenloop)
Gm,Pm,Wcg,Wcp = margin(Gopenloop,fig = false)
```

波特图如图 4-40 所示。

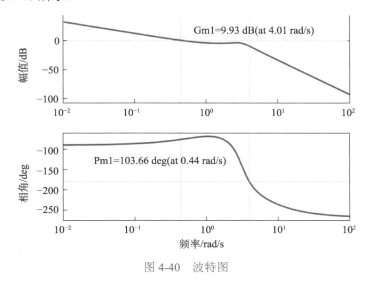

图 4-40　波特图

输入下列代码获取幅值裕度、相角裕度、穿越频率和截止频率等相关参数。

```
julia> # 幅值裕度，可通过 20*log10.(Gm)计算 dB 值
julia> Gm
1×1 Matrix{Float64}:
 3.1368668451186523

julia> # 相角裕度
julia> Pm
1×1 Matrix{Float64}:
 103.6575217465869

julia> # 穿越频率
julia> Wcg
1×1 Matrix{Float64}:
 4.013160544588305

julia> # 截止频率
```

```
julia> Wcp
1×1 Matrix{Float64}:
 0.4426469950854968
```

4.4.3 稳定裕度

相角裕度是系统在相角方面距离离开临界稳定状态还拥有的储备量。设系统截止频率为ω_c，幅值满足条件

$$A(\omega_c) = |G(j\omega_c)H(j\omega_c)| = 1 \tag{4-22}$$

则相角裕度满足$\angle G(j\omega_c) - \gamma = -180°$。当$\gamma > 0$时，系统稳定；当$\gamma = 0$时，系统临界稳定；当$\gamma < 0$时，系统不稳定。

幅值裕度是系统在幅值方面距离离开临界稳定状态还拥有的储备量。设系统穿越频率为ω_x，相角满足条件

$$\varphi(\omega_x) = \angle G(j\omega_x)H(j\omega_x) = (2k+1)\pi, \quad k = 0, \pm 1, \cdots \tag{4-23}$$

则幅值再增大h倍后，将达到临界稳定条件，即$h|G(j\omega_x)H(j\omega_x)| = 1$。当$h > 1$时，系统稳定；当$h = 1$时，系统临界稳定；当$h < 1$时，系统不稳定。

幅值裕度与相角裕度如图4-41所示。

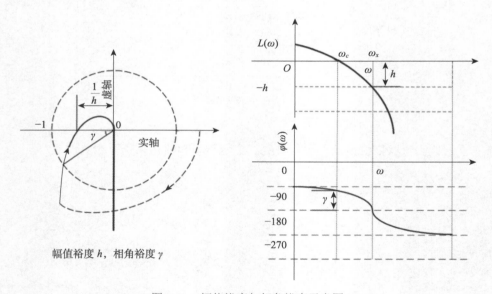

图 4-41　幅值裕度与相角裕度示意图

【例 4-6】对于典型二阶系统，已知超调量$\sigma\% = 15\%$，调节时间$t_s = 3s\left(2\%误差带\right)$，计算系统的相角裕度。

求解过程如下。

（1）根据已知条件求取系统传递函数。

108

典型二阶系统的开环传递函数为

$$G(s) = \frac{\omega_n^2}{s(s + 2\zeta\omega_n)} \qquad (4\text{-}24)$$

由 $\sigma\% = 15\%$，$t_s = 3s(2\%误差带)$，即 $100e^{-\pi\zeta/\sqrt{1-\zeta^2}}\% = 15\%$，$\dfrac{4.4}{\zeta\omega_n} = 3(2\%误差带)$，有

$$\begin{cases} \zeta = \dfrac{1}{\sqrt{1 + \left(\dfrac{\pi}{\ln 0.15}\right)^2}} \\ \omega_n = \dfrac{4.4}{3\zeta} \end{cases}$$

解得 $\zeta = 0.517$，$\omega_n = 2.837$，则二阶系统的开环传递函数为 $G(s) = \dfrac{8.049}{s(s + 2.933)}$。

（2）根据传递函数绘制系统波特图，如图 4-42 所示。

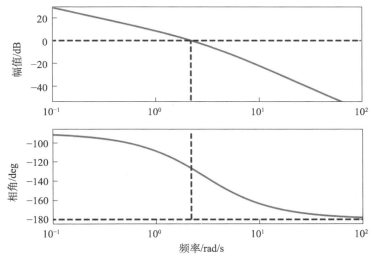

图 4-42　系统波特图

系统的开环频率特性为

$$G(j\omega) = \frac{8.049}{j\omega(2.933 + j\omega)} = \frac{8.049}{\omega\sqrt{8.602 + \omega^2}} e^{-j\left(\frac{\pi}{2} + \arctan\frac{\omega}{2.933}\right)}$$

由 $|G(j\omega_c)| = 1$，即

$$\frac{8.049}{\omega_c\sqrt{8.602 + \omega_c^2}} = 1$$

解得 $\omega_c = 2.2\text{rad/s}$。再由

$$\gamma = 180° + \varphi(\omega_c) = 180° - 90° - \arctan \omega_c / 2.933$$

解得 $\gamma = 53.1°$。

（3）此外，还可通过 MWORKS.Syslab 中的 allmargin()函数直接求得系统幅值裕度、相角裕度等参数。具体代码如下：

```
clear()
ks = 1 / (sqrt(1 + (pi / log(0.15))^2))
wn = 4.4 / (3 * ks)
s = tf("s")
sys = wn^2 / (s * (s + 2 * ks * wn));

# 计算系统幅值裕度、相角裕度等参数
gm, wgm, pm, wpm, dm, wdm, Stable = allmargin(sys)

# 绘制波特图
figure(1)
波特(sys)
# 绘制辅助线
subplot(2, 1, 1)
hold("on")
plot([wpm[1, 1], wpm[1, 1]], [-60, 0], "--k");
plot([0.0001, 1000], [0, 0], "--k");
subplot(2, 1, 2)
hold("on")
plot([wpm[1, 1], wpm[1, 1]], [-180, -90], "--k");
plot([0.0001, 1000], [-180, -180], "--k");

# 绘制系统单位阶跃响应曲线
figure(2)
res, t = step(sys / (1 + sys), 5, fig=false)
plot(t, res, "-");
xlabel("时间/s")
ylabel("响应")
hold("on")
# 绘制辅助线
minres, maxres = bounds(res)
plot([1.25, 1.25], [res[end], maxres], "--k");
plot([0, 5], [res[end], res[end]], "--k");
plot([3, 3], [0, res[end]*0.98], "--k");
```

在终端输入 gm 可得系统幅值裕度为 Inf，输入 pm 可得系统相角裕度大约为 53.17°。

```
julia> gm
1×1 Matrix{Vector{Float64}}:
 [Inf]

julia> pm
1×1 Matrix{Vector{Float64}}:
 [53.17135700321646]
```

系统单位阶跃响应曲线如图 4-43 所示。

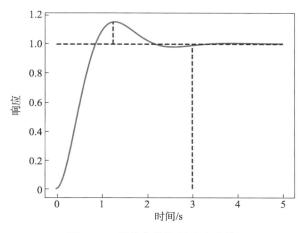

图 4-43　系统单位阶跃响应曲线

本 章 小 结

频率特性是指系统在一定频率范围内的响应。对于线性时不变系统，频率特性可以通过系统的传递函数来描述，它表示了系统在不同频率下的增益和相位。频率特性可以描述系统的频域特性，并与时域分析中系统的冲激响应和卷积响应相对应。

频率特性的曲线表示通常采用幅频特性曲线和相频特性曲线。幅频特性曲线描述了系统输出信号与输入信号幅频特性的比值，可以反映系统在不同频率下的放大倍数或衰减倍数。相频特性曲线描述了系统输出与输入信号之间的相位差，可以反映系统在不同频率下的相位延迟或超前。

在频域中，稳定性分析主要通过系统的极点位置来判断。极点是系统在复频域中的响应点，极点的位置可以反映系统的稳定性和响应速度。如果系统的所有极点都在左半平面，则系统是稳定的；如果极点位于右半平面，则系统是不稳定的。此外，系统的稳定性也与自然频率和阻尼比有关。一般来说，适当的阻尼比可以改善系统的稳定性能。

习 题 4

4.1　已知系统开环传递函数为 $G(s)H(s)=\dfrac{1}{0.5s+1}$，试用 MWORKS.Syslab 绘制该系统的奈奎斯特曲线。

4.2　已知控制系统的传递函数为 $G(s)=\dfrac{K}{s^2+2s+3}$，试绘制当 $K=0.1+0.4n$，$n=1,2,3,4,5,6$ 时系统的奈奎斯特曲线。

4.3　已知典型二阶系统的传递函数为

$$G(s)=\frac{\omega_n}{s^2+2\zeta\omega_n s+\omega_n^2}$$

式中，自然频率 ω_n 为 3，利用 MWORKS.Sysplorer 绘制当阻尼比 ζ 分别为 0.1、0.3、0.5、0.707、

1.0、2.0 时系统的波特图。

4.4 已知典型二阶系统的传递函数为

$$G(s) = \frac{\omega_n}{s^2 + 2\zeta\omega_n s + \omega_n^2}$$

式中，自然频率 ω_n 为 3，利用 MWORKS.Syslab 绘制当阻尼比 ζ 分别为 0.1、0.3、0.5、0.707、1.0、2.0 时系统的波特图。

4.5 绘制传递函数为 $G(s) = \frac{24(0.25s + 0.5)}{(5s + 2)(0.05s + 2)}$ 时系统的波特图，并计算其截止频率。

4.6 已知二阶系统的传递函数为 $G(s) = \frac{3.6}{s^2 + 3s + 5}$，试计算此系统的谐振频率和谐振峰值。

4.7 已知某单位负反馈系统开环传递函数为 $G(s) = \frac{2(s+1)}{s(s-1)}$，试绘制其奈奎斯特曲线，并根据奈奎斯特稳定判据判定其稳定性。

4.8 已知控制系统的开环传递函数为 $G(s)H(s) = \frac{k}{s(s+1)(s+5)}$，试绘制当 $k = 10$、100 时的波特图，并分别计算相角裕度 γ 和幅值裕度 h，判定闭环系统的稳定性。

第5章
基于 MWORKS 的控制系统
校正分析

　　控制系统的校正是确保系统输出与期望输出一致的重要步骤，它可以通过对系统参数进行调整和优化来提高系统的性能和稳定性。

　　本章首先介绍了校正分析的基本概念和原理，包括校正的目的、校正的基本步骤以及校正所需的工具和技术。然后，详细介绍了 MWORKS 这一强大的校正工具，包括其功能、使用方法和注意事项。

　　通过本章的学习，读者将学会如何使用 MWORKS 进行系统的校正分析，包括参数的测量和调整、校正曲线的绘制和分析等。同时，本章还通过实际案例的分析，展示了 MWORKS 在控制系统校正中的应用，以帮助读者理解校正分析的实际意义和应用场景。

通过本章学习，读者可以了解（或掌握）：

❖　校正分析的基本概念和原理；
❖　MWORKS 中的控制系统校正工具；
❖　系统校正的计算和调整方法；
❖　校正曲线的绘制和分析；
❖　实际案例分析能力。

5.1 校正概述

5.1.1 控制系统性能指标

在自动控制系统的设计过程中，控制工程师面临着复杂而多维的任务：确保所设计的系统不仅满足性能指标的要求，还要便于制造，具有经济性和高可靠性。当被控过程确定后，按照被控过程的工作条件，可以初步选定执行元件的类型、特性和参数；然后，根据测量的精度、抗干扰能力、被测信号的物理性质、测量过程中的惯性及非线性度等因素，选择合适的测量变送元件；在此基础上，设计增益可调的前置放大器与功率放大器或数字控制器。设计控制系统的目的是，将构成控制器的各元件及被控过程适当组合起来，使之满足表征控制精度、阻尼程度和响应速度的性能指标要求。如果调整放大器增益后系统仍然不能满足设计要求的性能指标，就需要在系统中增加一些参数及特性可按需要改变的动态校正装置，使系统性能全面满足设计要求。

要对一个控制系统有深入的了解，首先就要分析系统的激励响应及性能参数。具体做法是，对某一控制系统施加典型的激励信号（如单位阶跃信号、脉冲信号、速度信号、正弦信号等），分析系统的响应以及各项性能指标，分析方法包括时域法和频域法，时域性能指标包括超调量、调节时间、稳态误差等；频域性能指标包括相角裕度、增益裕度、幅值穿越频率、谐振峰值、谐振频率、带宽频率等。

分析控制系统之后，根据生产工艺需要的性能指标及被控过程，确定控制器的结构和参数。当控制系统的性能指标不能满足生产要求或希望在不同的生产过程中能够调整各项性能指标时，最直接的方法是调整控制器本身的参数，由于通常仅改变控制器的比例系数是不能满足各项性能指标要求的，例如稳定性和准确性之间的矛盾，为此，需要加入动态校正装置来满足各项性能指标。但是，即使对于同一被控过程，校正装置也不唯一。确定校正方案时应从技术、经济和可靠性等诸多方面综合考虑，图 5-1 所示为一个控制系统的设计流程。

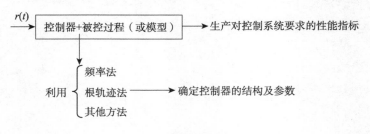

图 5-1　控制系统的设计流程

5.1.2 校正的基本概念

控制系统的校正问题是自动控制系统设计理论的重要分支，也是具有实用意义的一种改善系统性能的手段与方法。在系统基本部分已确定的前提下，为了保证系统满足动态性能指标，往往需要在系统中附加一些具有一定动力学性质的装置，这些附加装置可以是简单的电网络或机械网络，统称为校正元件或校正装置。

由于加入系统的方式和所起的作用不同，校正装置又可分为串联校正、反馈校正、前置校正和干扰补偿四种，后两种也称为前馈校正或顺馈校正。串联校正和反馈校正是在系统主反馈回路之内采用的校正方式，如图5-2（a）所示。前置校正是在系统主反馈回路之外采用的校正方式，它一般又分为对控制输入的前置校正和对干扰的补偿，如图5-2（b）所示。

对系统的校正可以采取上述四种方式中的任意一种，也可以综合采取多种方式，例如，飞行模拟转台的框架随动系统对快速性、平稳性及精度要求都很高，为了达到这一要求，通常采用串联校正、反馈校正以及对控制作用的前置校正。

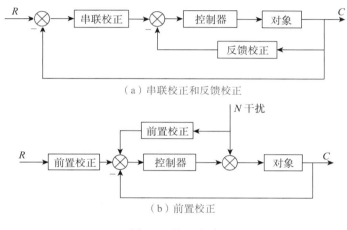

（a）串联校正和反馈校正

（b）前置校正

图 5-2　校正方式

5.2　根轨迹法

根轨迹是指系统开环传递函数中某个参数（如开环增益 K）从零变到无穷时闭环特征根在复平面上移动的轨迹。根据根轨迹所满足相角的不同，又可将根轨迹分为180°根轨迹和零度根轨迹，通常180°根轨迹又称为常规根轨迹。利用根轨迹能较方便地确定系统中某参数变化时的闭环极点分布规律，清楚地看出参数对系统动态过程的影响。

根轨迹法是立足于复域的一套完整的系统研究方法，通过系统在复域中的特征，来评定和计算系统在时域的性能，因而根轨迹法又称为复域分析法。

系统的闭环传递函数为 $G_\phi(s) = \dfrac{G(s)}{1 + G(s)H(s)}$，设

$$G(s)H(s) = K^* \frac{\displaystyle\prod_{i=1}^{m}(s - z_i)}{\displaystyle\prod_{i=1}^{n}(s - p_i)} \tag{5-1}$$

式中，K^*为开环根轨迹增益；z_i、p_i分别为开环零点、极点，并假定$n \geqslant m$。对式（5-1）进行改写，得到

$$G(s)H(s) = \frac{K \prod\limits_{i=1}^{h}(\tau_i s+1) \prod\limits_{j=1}^{l}(\tau_j^2 s^2 + 2\zeta_j \tau_j s + 1)}{s^v \prod\limits_{i=1}^{k}(T_i s+1) \prod\limits_{j=1}^{q}(T_j^2 s^2 + 2\zeta_j T_j s + 1)} \tag{5-2}$$

式中，v为积分环节的个数；K为开环增益。

由系统闭环传递函数可得系统特征方程：$1+G(s)H(s)=0$，闭环极点就是闭环特征方程的解，若求开环传递函数中某个参数从零变到无穷时闭环的所有极点，就需要求解根轨迹方程，通常写成

$$G(s)H(s) = -1 \tag{5-3}$$

结合式（5-2）和式（5-3）可以得到模值方程和相角方程，模值方程为

$$K^* \frac{\prod\limits_{i=1}^{m}|s-z_i|}{\prod\limits_{i=1}^{n}|s-p_i|} = 1 \tag{5-4}$$

相角方程为

$$\sum_{i=1}^{m}\angle(s-z_i) - \sum_{i=1}^{n}\angle(s-p_i) = (2k+1)\pi \tag{5-5}$$

式中，$k = 0, \pm 1, \pm 2, \cdots$。

根据相角条件和模值条件，可以确定s平面上根轨迹放大系数K的值。

根轨迹图直观、完整地再现了系统特征根在s平面的全局分布，是自动控制理论分析和设计的常用方法，下面用一个例子介绍使用 MWORKS 绘制根轨迹的方法。

【例 5-1】绘制开环传递函数 $G(s) = \dfrac{Y(s)}{U(s)} = \dfrac{K}{s(s+4)(s+2-4\mathrm{j})(s+2+4\mathrm{j})}$ 的根轨迹曲线，并找到临界稳定的 K 值。

MWORKS.Syslab 中的代码如下：

```
clear();
sys = zpk([], [0, -4, -2 + 4im, -2 - 4im], 1);

# 绘制根轨迹
figure(1)
rlocus(sys;fig=true)
```

程序运行结果如图 5-3 所示：

当光标定位到曲线与虚轴的交点时，结果为+3.16235j 和–3.16235j，计算可得此时 K 值为 260，由结果可知，$K > 260$ 时系统不稳定。

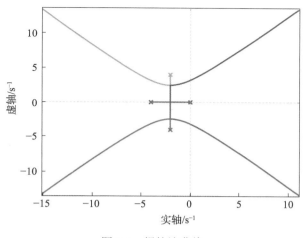

图 5-3　根轨迹曲线

```
julia> -3.16235im*(3.16235im+4)*(3.16235im+2+4im)*(3.16235im+2-4im)
260.00732015067314 + 0.01157477022300668im
```

根轨迹法是一种由开环系统零极点分布直接确定系统闭环极点的图解方法，根轨迹上的零极点直接影响系统的稳定性，增加开环零点，根轨迹左移，有利于改善系统的动态性能。

5.2.1　根轨迹法串联超前校正

根轨迹法设计的基础是闭环零极点与系统品质之间的关系，为了简便起见，闭环的品质通常是通过闭环主导极点来反映的，因此在设计开始时需要把对闭环性能指标的要求，通过转换关系式，近似地用闭环主导极点在复平面的位置来表示。当系统的根轨迹已知时，就很容易写出在某个可变参数一定时的闭环传递函数，即可知闭环系统的零极点，根据闭环系统的零极点分布可以了解系统的动态特性。

校正设计的主要任务是选择合适的校正装置的传递函数 $G_c(s)$，使得由 $G_c(s)G(s)$ 形成的闭环根轨迹，在要求增益下的主导极点，与期望的主导极点一致，从而保证闭环系统具有要求的动态性能指标，根轨迹校正框图如图 5-4 所示。本节将用例子阐明超前校正的根轨迹方法。

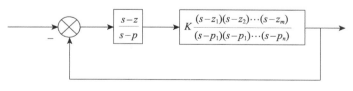

图 5-4　根轨迹校正框图

【例 5-2】系统结构图如图 5-5 所示。要求设计串联超前校正环节 $G_c(s)$，使得系统的阶跃响应满足超调量 $\sigma \leqslant 16\%$，调节时间 $t_s < 2s$ 的要求。

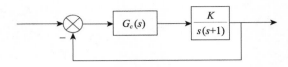

图 5-5　系统结构图

根轨迹校正设计过程如下。

（1）原系统分析。对二阶系统而言，超调量 $\sigma \leqslant 16\%$，相当于系统的阻尼比 $\zeta \geqslant 0.5$，或极点的阻尼角小于等于 $60°$，原系统的根轨迹图如图 5-6 所示，由于 $t_s = \dfrac{3.5}{\zeta\omega_n} = 7\text{s} > 2\text{s}$，不满足要求，故单纯通过调整增益不能同时满足超调量和调节时间的要求。

（2）确定校正环节。由上述分析可知，系统问题主要是快速性达不到要求，所以选择超前校正，校正网络的传递函数为

$$G_c(s) = \frac{s-z}{s-p} \qquad (5\text{-}6)$$

式中，z 为超前校正，$z > p$。

选取的主导极点 B 为 $-2 \pm 2\sqrt{3}\mathrm{j}$，由图 5-6 可知，该极点位于阻尼角为 $60°$ 的阻尼线上，此时 $\zeta = 0.5$，$t_s = 1.75\text{s}$。将超前校正网络的零点直接配置到期望极点的下方，取 $z = -2$。

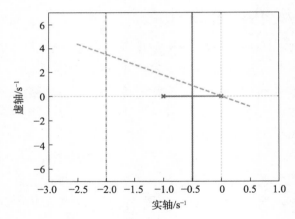

图 5-6　原系统的根轨迹图（实线）

通过相角方程确定极点位置，使得期望极点满足相角方程：

$$90° - 120° - 106° - \theta_p = -180°$$

$$\theta_p = 44°$$

因此，取 $p = 5.5$。校正后系统的开环传递函数为

$$G_c(s)G(s) = \frac{20.9(s+2)}{s(s+1)(s+5.5)} \qquad (5\text{-}7)$$

（3）使用 Julia 语言在 MWORKS.Syslab 中编程，代码如下：

```
clear();
sys0 = zpk([], [0, -1], 1)

# 绘制原系统的根轨迹
figure(1)
rlocus(sys0)
hold("on");

# 绘制 60°角阻尼线与根轨迹交点
x = -2.5:(3/100):0.5;
y = -sqrt(3) * x;
TyPlot.plot(x, y, "--");
z = -2;
xline(-2, linestyle="-.");#零点 z 选择在-2 点

# 确定极点位置
theta_p = pi + pi / 2 - atan(-sqrt(3)) - atan(-2 * sqrt(3))
p = z - 2 * sqrt(3) * tan(theta_p);
K = 4 * sqrt(12 + 1) * sqrt(3.5 * 3.5 + 12) / sqrt(12);
# K = 9;

# 绘制阶跃响应曲线
figure(2)
res0, t0 = step(sys0 / (1 + sys0), 20, fig=false);
S0 = stepinfo(sys0 / (1 + sys0));

sys = zpk([z], [0, -1, p], K);
res, t = step(sys / (1 + sys), 20, fig=false);
S = stepinfo(sys / (1 + sys));
plot(t0, res0, "-", t, res, "-.");
legend(["原系统", "校正后系统"])
xlabel("时间/s")
ylabel("响应")
hold("on")

# 绘制校正后系统的根轨迹
figure(3)
rlocus(sys);
hold("on");
TyPlot.plot(x, y, "--");
```

可以得到原系统和校正后系统的阶跃响应，如图 5-7 所示，校正后系统的根轨迹如图 5-8 所示。

可以得到系统的调节时间大约为 2.06s，超调量大约为 29.06%。超调量不满足要求是由于零点对系统性能的影响。

```
julia> S.TransientTime
1×1 Matrix{Float64}:
 2.059767992713705

julia> S.Overshoot
```

1×1 Matrix{Float64}:
 29.055107843227958

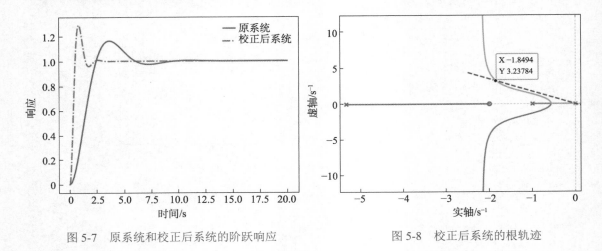

图 5-7　原系统和校正后系统的阶跃响应　　　　　图 5-8　校正后系统的根轨迹

为了使得系统性能基本满足要求，可以调整开环增益，令 $K=9$，则调节时间变为 3.27s 左右，超调量变为 19.01%左右，基本满足需求。

```
julia> S.TransientTime
1×1 Matrix{Float64}:
 3.273449949546735

julia> S.Overshoot
1×1 Matrix{Float64}:
 19.012262775509804
```

5.2.2　根轨迹法串联滞后校正

串联后校正参数的选择原则是，使它的两个转折频率位于低频区，因此从零极点的角度考虑，引入 $G_c(s)=\dfrac{s-z}{s-p}$，$z<p$ 的滞后校正，就是使开环增加一对零极点，它们是位于 s 平面原点附近的一对偶极子，而且极点比零点更接近原点。

【例 5-3】系统结构图如图 5-9 所示。要求设计滞后校正 $G_c(s)$ 和调整开环增益，使系统在 $r(t)=t$ 作用下的稳态误差 $e_{\text{rss}}<0.25$，并且阶跃响应的超调量 $\sigma<20\%$。

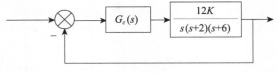

图 5-9　系统结构图

根轨迹校正设计过程如下：

（1）原系统分析。绘制原系统的根轨迹，如图 5-10 所示，要求超调量小于 20%，可取

系统的阻尼比 $\zeta = 0.5$。由原点作 60°阻尼线，与根轨迹交于 B 点，坐标为–0.75+1.3j，则 B 点的开环增益为

$$K_0 = \frac{\sqrt{0.75^2 + 1.3^2} \times \sqrt{1.25^2 + 1.3^2} \times \sqrt{5.25^2 + 1.3^2}}{12} \approx 1.22 \tag{5-8}$$

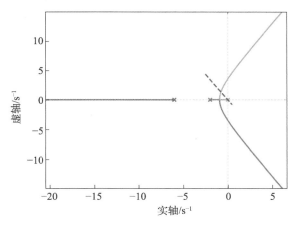

图 5-10　原系统根轨迹（实线）

（2）确定校正环节。根据系统的稳态误差要求确定开环增益。由终止定理可求出等速输入下的稳态误差

$$e_{rss} = \frac{1}{K} < 0.25 \tag{5-9}$$

由 B 点的开环增益计算可知，单纯调整开环增益不能同时满足稳态误差和超调量的要求。首先，校正后系统的开环增益

$$K = 1.22 \times \frac{z}{p} = 5 \tag{5-10}$$

则 $z/p \approx 4$，取 $z = -0.2$，$p = -0.05$。校正后系统的根轨迹如图 5-11 所示，带入阻尼线和根轨迹交点坐标，通过模值方程计算开环增益，得到开环传递函数：

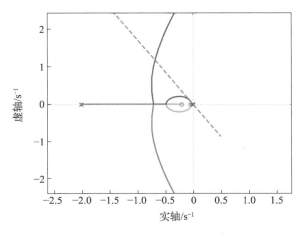

图 5-11　校正后系统的根轨迹（实线）

$$G_c(s)G(s) = \frac{13.5(s+0.2)}{s(s+2)(s+6)(s+0.05)}$$ （5-11）

（3）使用 Julia 语言在 MWORKS.Syslab 中编程，代码如下：

```
clear();
sys0 = zpk([], [0, -2, -6], 1);

# 绘制原系统的根轨迹
figure(1)
rlocus(sys0);
hold("on");
# 绘制 60°角阻尼线与根轨迹交点
x = -2.5:(3/100):0.5;
y = -sqrt(3) * x;
TyPlot.plot(x, y, "--");
hold("off");

# 校正系统
K0 = sqrt(0.75 * 0.75 + 1.3 * 1.3) * sqrt(1.25 * 1.25 + 1.3 * 1.3) * sqrt(5.25 * 5.25 + 1.3 * 1.3) / 12;
z = -0.2;
p = -0.05;
sys = zpk(z, [0, -2, -6, p], 12);

# 绘制校正后系统的根轨迹
figure(2)
rlocus(sys);
hold("on");
# 绘制 60°角阻尼线与根轨迹交点
x = -2.5:(3/100):0.5;
y = -sqrt(3) * x;
TyPlot.plot(x, y, "--");
hold("off");

# 求解校正后系统的开环增益
K = sqrt(0.68^2 + 1.158^2) * sqrt((2 - 0.68)^2 + 1.158^2) * sqrt((6 - 0.68)^2 + 1.158^2) * sqrt((0.05 - 0.68)^2 + 1.158^2) /
sqrt((0.2 - 0.68)^2 + 1.158^2);
sys1 = zpk(0, [0, 0, -2, -6], K0); #原系统
sys2 = zpk(z, [0, -2, -6, p], K);  #校正后系统

# 在合适极点处的阶跃响应
figure(3)
res1, t1 = step(sys1 / (1 + sys1), 40, fig=false);
res2, t2 = step(sys2 / (1 + sys2), 40, fig=false);
plot(t1, res1, "-", t2, res2, "-.");
legend(["原系统", "校正后系统"])
xlabel("时间/s")
ylabel("响应")
hold("on")

# 在合适极点处的斜坡响应
figure(4)
```

```
t1 = collect(0:0.04:40);
u = t1;
pic = lsimplot(sys2 / (1 + sys2), u, t1);
```

可以得到原系统和校正后系统的阶跃响应，如图 5-12 所示，校正后系统的斜坡响应如图 5-13 所示。

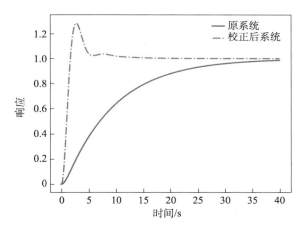

图 5-12　原系统和校正后系统的阶跃响应

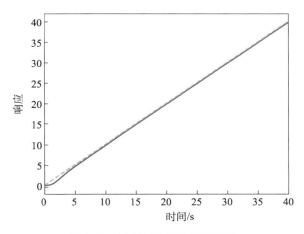

图 5-13　校正后系统的斜坡响应

5.3　频域响应校正法

频域响应校正法简称频域法。频域法根据相角裕度、幅值裕度、幅值、穿越频率设计校正参数，其中超前校正增大相角裕度，提高系统快速性，改善暂态响应；滞后校正提高系统稳定性，减小稳态误差。频域法的基本做法是，利用适当的校正装置的波特图，配合开环增益的调整，来修改原有开环系统的波特图，使得开环系统经校正与增益调整后的波特图符合性能指标的要求。

5.3.1　基于频域法的超前校正

1. 方法基础

串联校正和反馈校正是在系统主反馈回路之内采用的校正方式，加入串联校正的系统结构图如图 5-14 所示。

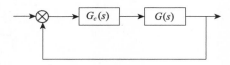

图 5-14　加入串联校正的系统结构图

图中 $G_c(s)$ 为串联校正装置的传递函数，$G(s)$ 为系统不变部分的传递函数。在工程实践中常用的串联校正有超前校正、滞后校正和滞后超前校正。下面介绍超前校正的数学模型和它在系统中的作用。

超前校正装置的传递函数为

$$G_c(s) = \frac{1+aTs}{1+Ts}, \ a>1 \tag{5-12}$$

由图 5-15 可见，式（5-12）校正作用的主要特点是提供正的相移，故称超前校正。超前主要发生在频段 $\left(\dfrac{1}{aT}, \dfrac{1}{T}\right)$，而且超前角的最大值为

$$\varphi_m = \arcsin\frac{a-1}{a+1} \tag{5-13}$$

这一最大值发生在对数频率特性曲线的几何中心处，对应的角频率为

$$\omega_m = \frac{1}{\sqrt{a}T} \tag{5-14}$$

式（5-13）和式（5-14）可以通过对 $\angle G_c(\mathrm{j}\omega)$ 求极值得出。

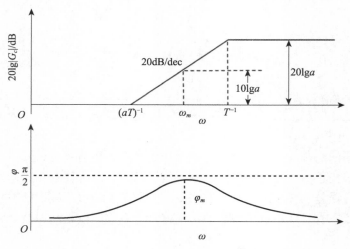

图 5-15　式（5-12）对应的波特图

2. 问题求解

【例 5-4】系统结构图如图 5-16 所示。

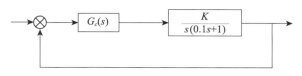

图 5-16　系统结构图

要求设计 $G_c(s)$ 和调整 K，使得系统在 $r(t)=t$ 作用下稳态误差 $e_{rss} \leqslant 0.01$，且相角裕度 $r \geqslant 45°$，截止频率 $\omega_c \geqslant 40\text{rad/s}$。

$G_c(s)$ 的设计和 K 的调整步骤如下。

根据稳定误差的要求调整 K。未加校正时，系统在 $r(t)=t$ 作用下的稳态误差，可由终值定理求出，$e_{rss} = \dfrac{1}{K}$，因此要求 $e_{rss} \leqslant 0.01$，就有 $K \geqslant 100$。现取定 $K=100$。

（1）根据取定的 K 值，做出未校正系统的开环渐进对数幅频特性曲线和相频特性曲线。可得稳定裕度 $\gamma = 17.9°$，截止频率 $\omega_c = 31\text{rad/s}$，均不满足要求。

（2）选取校正环节。由于满足稳态要求时，ω_c 和 γ 均比期望的小，因此要求加入的 $G_c(s)$ 能使校正后的系统截止频率和相角裕度同时增大，为此选取超前校正。

（3）参数确定。校正环节的 a、T 待定。a、T 确定的规则是：最大超前角 φ_m 发生在新的截止频率 ω_c' 处，这里 $\omega_c' > 40\text{rad/s}$，因此 $\omega_m = \omega_c' > 40\text{rad/s}$。

由于要求是 $\omega_c' > 40\text{rad/s}$，故可在 ω 轴上 40 的右边邻近处取一点，例如，选 44 作为校正后的截止频率 ω_c'，在原系统 $\omega = 44\text{rad/s}$ 时幅频特性是 -6dB，为了使 44 处成为校正后的截止频率，校正环节需要在 $\omega = 44\text{rad/s}$ 处提供 6dB 的增益。因而

$$10\lg a = 6$$

$$\frac{1}{\sqrt{a}T} = 44$$

由上两式可求出 $a=4$，$T=0.01136$。可得 $G_c(s)$ 和 φ_m 如下：

$$G_c(s) = \frac{0.04544s+1}{0.01136s+1}, \quad \varphi_m = \arcsin\frac{4-1}{4+1} \approx 37° \tag{5-15}$$

（4）检验校正后的结果。加入 $G_c(s)$ 后的开环传递函数为

$$G_c(s)G(s) = \frac{100(0.04544s+1)}{s(0.01136s+1)(0.1s+1)} \tag{5-16}$$

验算实际的校正结果，得到校正后的相角裕度大约为 49.8°，符合要求。

3. MWORKS 仿真

接下来在 MWORKS.Sysplorer 中建立模型，所用的基础模块有传递函数模块、求和模块

和斜坡信号模块。

首先，建立 K=100 时原系统的模型，在"模型浏览器"窗口找到传递函数模块，如图 5-17 所示。

图 5-17　传递函数模块

其次，设置传递函数模块的参数，具体的参数设置方法可以参考软件内的帮助文档，双击模块，右击查看文档即可。原系统模型的参数设置如图 5-18 所示。

参数		
b	{100}	
a	{0.1, 1, 0}	

图 5-18　原系统模型的参数设置

再次，返回模型的整体视图，在 Blocks 的 Math 目录下找到 Add 模块，即加和模块；并在 Blocks 的 Source 目录下找到 Ramp 模块，用于产生斜坡信号，双击斜坡信号设置参数，如图 5-19 所示。

参数		
offset	0	
startTime	0	s
height	1	
duration	1	s

图 5-19　斜坡信号参数设置

最后，得到原系统模型，如图 5-20 所示。

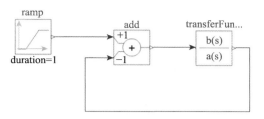

图 5-20　原系统模型

在"仿真设置"选项中，可以设置仿真的终止时间参数，如图 5-21 所示。

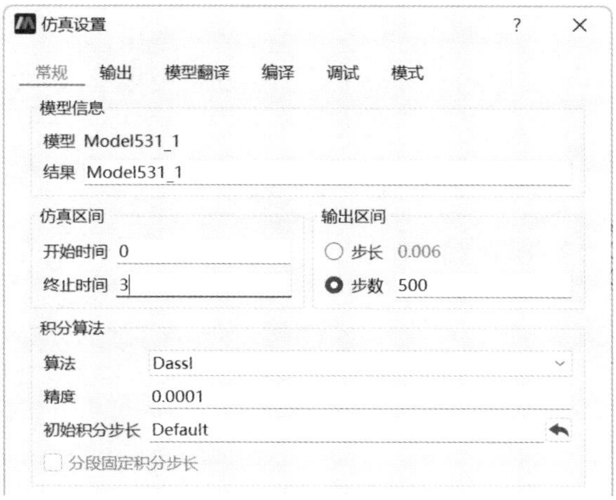

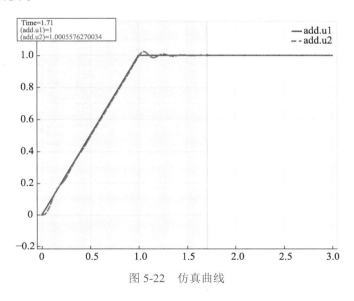

图 5-21　仿真设置

下面开始进行仿真，仿真结束后可以在仿真窗口查看各个参数的图像。单击仿真窗口左侧的仿真浏览器，选择需要在结果中观察的参数，即可得到相应参数的仿真结果图像。单击 add 下的 u1 和 u2，得到如图 5-22 所示的仿真曲线。放大观察超调量发现，当 K 取 100 时，稳态误差符合题目要求。

图 5-22　仿真曲线

127

接下来观察原系统的幅频特性。频域设计的基础是开环对数频率曲线与闭环系统品质的关系，因此在使用 MWORKS 分析系统的开环频率特性时，只需要保留开环传递函数即可。在建模界面左侧的模型库中 Blocks 目录下的 interfaces 子目录中找到 RealInput 和 RealOutput 两个模块，分别放置在传递函数模块的输入端和输出端，如图 5-23 所示。

图 5-23　传递函数模块

接下来进行频率分析（使用频率分析工具需要加载标准库 Modelica3.2.1）。单击菜单工具 频率响应估算器，弹出"频率估算"窗口；单击"输入信号"按钮，弹出"创建扫频信号"对话框，如图 5-24 所示。

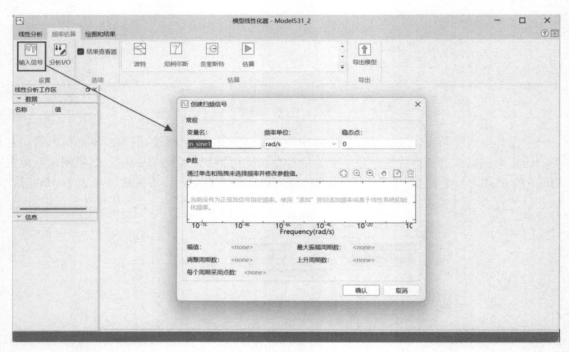

图 5-24　"创建扫频信号"对话框

单击"创建扫频信号"对话框中的按钮 ⊞，弹出"添加频率"对话框，采用默认值，单击"确认"按钮即可添加扫描频率，如图 5-25 所示。

根据需要修改变量名、频率单位、稳态点和频率属性值，本例均采用默认值。单击"确认"按钮，添加的扫频信号"in_sine1"便显示在线性分析工作区。

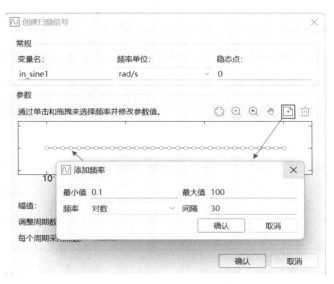

图 5-25　"添加频率"对话框

单击工具栏中的按钮 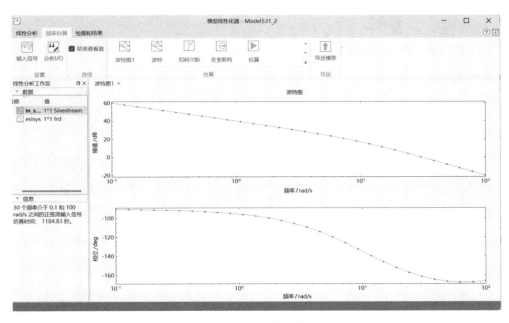波特 进行估算，如图 5-26 所示，估算完成后自动显示曲线。

图 5-26　频率估算

由此，我们得到原系统的对数频率特性曲线，并且可以从曲线中得到原系统的截止频率 30.392rad/s 和相角裕度 18.661°，如图 5-27 所示。

接下来修改模型，分析加入串联校正后的系统开环频率特性，模型绘制如图 5-28 所示。为了和原系统的频率特性比较，在修改模型时不要关闭保留之前频率分析结果的"频率估算"窗口。

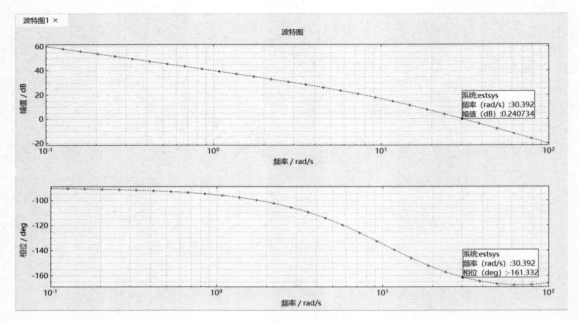

图 5-27　频率分析结果

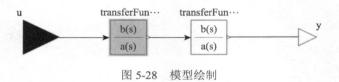

图 5-28　模型绘制

注意，不要在一个模型图中放置两个输入/输出 interfaces，否则在频率分析时会报错，只要在之前绘制的模型前增加一个传递函数模块，并设置成串联校正装置的参数即可。

串联校正装置的参数设置如图 5-29 所示。

参数		
b	{0.04544, 1}	
a	{0.01136, 1}	

图 5-29　串联校正装置参数设置

为了更好地观察截止频率，可以新建扫频信号，在默认信号频率的基础上添加新的频率，如图 5-30 所示。进行频率估算，如图 5-31 所示。

图 5-30　添加频率

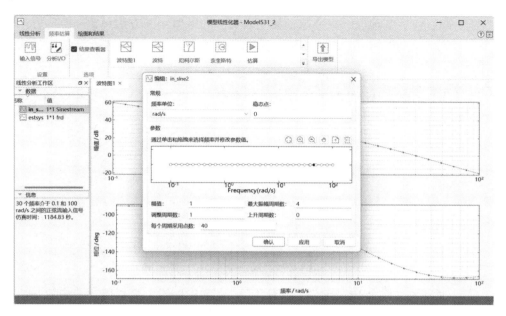

图 5-31　频率估算

采用与原系统频率分析相似的方式，得到校正后系统的对数频率特性曲线，为了同时观察原系统和校正后系统的曲线，单击已生成的波特图 1，如图 5-32 所示。

图 5-32　单击生成的波特图 1

频率分析结果如图 5-33 所示，校正后的系统截止频率为 45rad/s＞40rad/s，相角裕度为 180°–130.344°= 49.656°>45°，满足题目要求。

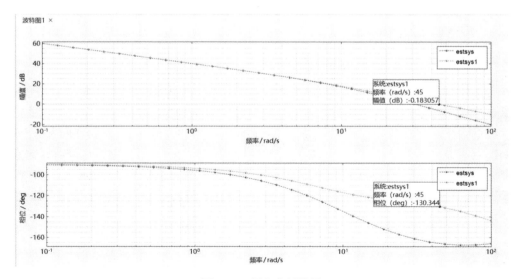

图 5-33　频率分析结果

【问题】是否还有其他方法求取超前校正参数？与本案例的方法相比，这些方法又有何优缺点？

5.3.2 基于频域法的滞后超前校正

1. 方法基础

上节介绍了超前校正，本节将介绍滞后校正的数学模型和滞后超前校正。

滞后校正装置的传递函数为

$$G_c(s) = \frac{1+bTs}{1+Ts}, \quad b < 1 \tag{5-17}$$

由图 5-34 可见，滞后校正环节的幅频特性从 $\omega = T^{-1}$ 处发生衰减，且在 $\omega > (bT)^{-1}$ 时衰减了 $|20\lg b|$ dB，这一性质称为滞后校正的高频衰减特性。另外，它的相频特性总取负值，故称为滞后校正，且滞后主要发生在频率 T^{-1} 和 $(bT)^{-1}$ 之间的区段。滞后校正的作用是，利用网络的高频衰减特性减小了系统的截止频率，从而使稳定裕度增大，保证了稳定性和振荡性的改善，因此可以认为，滞后校正是以牺牲快速性来换取稳定性和改善振荡性的。同时，由于校正后系统高频段衰减了 $|20\lg b|$ dB，因而校正后的系统具有较好的抑制高频干扰的能力。

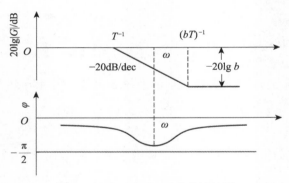

图 5-34　式（5-17）对应的波特图

综合来看，超前校正可增加频带宽度，提高系统的快速性，并可使稳定裕度加大，改善系统的振荡情况。而滞后校正则可解决提高稳态精度和振荡性的矛盾，但会使频带变窄。为了全面提高系统的动态品质，使稳态精度、快速性和振荡性均有所改善，可同时采用超前校正和滞后校正，并配合增益的合理调整。

鉴于超前校正的转折频率应选在系统中频段，而滞后校正的转折频率应选在系统低频段，可知滞后超前校正的传递函数的一般形式应为

$$G_c(s) = \frac{(1+bT_1s)(1+aT_2s)}{(1+T_1s)(1+T_2s)} \tag{5-18}$$

式中，$a > 1$，$b < 1$，且 $bT_1 > aT_2$。

式（5-18）前一部分为滞后校正，后一部分为超前校正，对应的波特图如图 5-35 所示。由图中可以明显看出在不同的频段内呈现的滞后校正和超前校正作用。

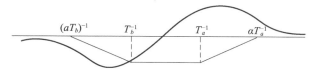

图 5-35　式（5-18）对应的波特图

2. 问题求解

【例 5-5】系统结构图如图 5-36 所示。

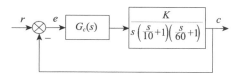

图 5-36　系统结构图

要求设计 $G_c(s)$ 和调整 K，使得系统在 $r(t)=t$ 作用下的稳态误差 $e_{rss} \leqslant 1/126$，且相角裕度 $\gamma \geqslant 35°$，截止频率 $\omega_c \geqslant 19\text{rad}/\text{s}$。

$G_c(s)$ 的设计和 K 的调整步骤如下。

（1）根据稳定误差的要求调整 K。未加校正时，系统在 $r(t)=t$ 作用下的稳态误差可由终值定理求出

$$e_{rss} = \frac{1}{K} \tag{5-19}$$

因此要求 $e_{rss} \leqslant 1/126$，就有 $K \geqslant 126$。现取定 $K=126$。

（2）计算未校正系统的开环对数幅频特性，确定截止频率和相角裕度。

$$\omega_0 = \sqrt{10 \times 126} \approx 35.5$$

$$\gamma_0 = 90° - \arctan\frac{35.5}{10} - \arctan\frac{35.5}{60} \approx -14.9°$$

原系统不稳定；原开环系统在 $\omega_c^* = 20\text{rad/s}$ 处的相角储备量 $\gamma_c(\omega_c^*) \approx 8.13°$。该系统单独用超前校正或滞后校正都难以达到目标，所以采用滞后超前校正。

（3）校正后系统的截止频率为 20rad/s，超前部分应提供的最大超前角为

$$\varphi_m = \gamma^* - \gamma_c(\omega_c^*) + 6° = 35° - 8.13° + 6° = 32.87°$$

则 $a = \dfrac{1+\sin\varphi_m}{1-\sin\varphi_m} = 3.4$，$\sqrt{a} = \sqrt{3.4} \approx 1.85$。

由超前校正性质可知，$\omega_c^* = \dfrac{1}{\sqrt{a}T_a}$，可得 $T_a = \dfrac{1}{\sqrt{a}\omega_c^*} = \dfrac{1}{1.85 \times 20} \approx 0.027$。

因此超前校正环节为 $\dfrac{1+aT_a s}{1+T_a s}=\dfrac{1+0.0918s}{1+0.027s}$。

（4）滞后环节参数确定。由于 $20\lg a=-20\lg b$，所以 $b=1/a=0.294$；另外，取校正后系统的截止频率为 20rad/s，所以 $\dfrac{1}{bT_b}=0.1\omega_c^*=2$，$T_b=\dfrac{1}{2b}\approx 1.7$。因此滞后环节为 $\dfrac{1+bT_b s}{1+T_b s}=$

$\dfrac{1+0.5s}{1+1.7s}$。

（5）检验校正后的结果。加入 $G_c(s)$ 后的开环传递函数为

$$G_c(s)G(s)=\frac{126}{s\left(\dfrac{s}{10}+1\right)\left(\dfrac{s}{60}+1\right)}\cdot\frac{1+0.0918s}{1+0.027s}\cdot\frac{1+0.5s}{1+1.7s} \tag{5-20}$$

验算实际的校正结果，得到校正后的截止频率为 26rad/s，相角裕度为 26.705°，不符合要求，原因是手动计算过程中存在估算误差，因此本实验采用另外一种方法重新计算。

校正函数的另一种表示方式如下：

$$G_c(s)=\frac{(T_b s+1)(T_a s+1)}{(\alpha T_b s+1)(\alpha^{-1}T_a s+1)},\ \alpha>1,\ T_b>T_a \tag{5-21}$$

令 $\omega_c=20\text{rad/s}$，取 $T_a=0.1$，则 $G(s)(T_a+1)$ 在 ω_c 处的渐近对数幅频为 16dB。令 $20\lg\alpha=16$，$\alpha=6.3$。

超前环节的传递函数为 $\dfrac{s/10+1}{s/63+1}$，滞后环节取 $\dfrac{1}{T_b}=2$，则

$$G_c(s)G(s)=\frac{126\left(\dfrac{s}{2}+1\right)}{s\left(\dfrac{s}{0.32}+1\right)\left(\dfrac{s}{60}+1\right)\left(\dfrac{s}{63}+1\right)} \tag{5-22}$$

可得校正后相角裕度为 67.6°，满足要求。（有时采用以上方法计算并不能同时满足截止频率和相角裕度的要求，实际应用中还需要根据要求进行调整。）

3. MWORKS 仿真

接下来在 MWORKS.Sysplorer 中建立模型，所用的基础模块有传递函数模块、求和模块和斜坡信号模块。

首先建立 K=126 时原系统的模型，在"模型浏览器"窗口找到传递函数模块，如图 5-37 所示。

之后设置传递函数模块的参数，具体的参数设置方法可以参考软件内的帮助文档，双击模块，右击查看文档即可。原系统模型的参数设置如图 5-38 所示。

之后返回模型的整体视图，在 Blocks 的 Math 目录下找到 Add 模块，即加和模块；并在 Blocks 的 Source 目录下找到 Ramp 模块，用于产生斜坡信号，双击斜坡信号设置参数，如图 5-39 所示。

图 5-37　传递函数模块

参数		
b	{126}	
a	{1 / 600, 7 / 60, 1, 0}	

图 5-38　原系统模型的参数设置

参数		
offset	0	
startTime	0	s
height	1	
duration	1	s

图 5-39　斜坡信号参数设置

最终得到的原系统模型如图 5-40 所示。

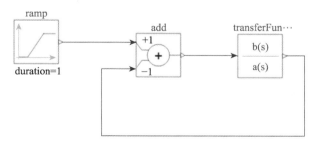

图 5-40　原系统模型

135

在"仿真设置"选项中，可以设置仿真的终止时间等参数，如图 5-41 所示。

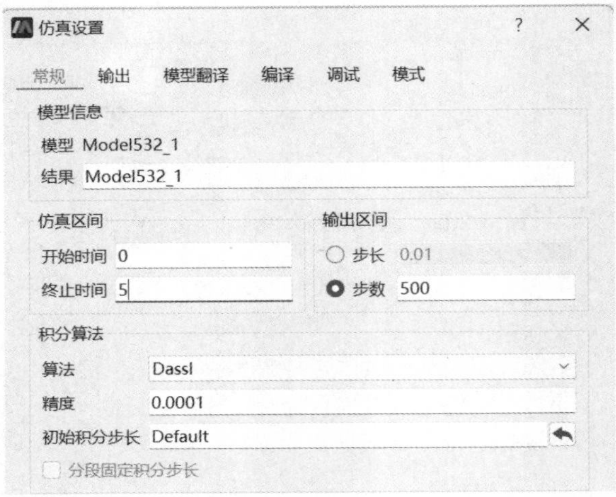

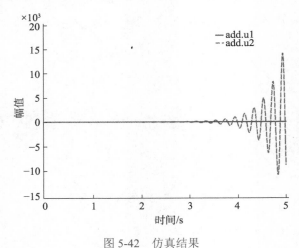

图 5-41　仿真设置

下面开始进行仿真，仿真结束后可以在仿真窗口查看各个参数的图像，单击仿真窗口左侧的仿真浏览器，选择需要在结果中观察的参数，即可得到相应参数的仿真结果图像。单击 add 下的 u1 和 u2，仿真结果如图 5-42 所示，原系统为不稳定系统。

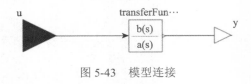

图 5-42　仿真结果

接下来观察原系统的幅频特性。频域设计的基础是开环对数频率曲线与闭环系统品质的关系，因此在使用 MWORKS 分析系统的开环频率特性时，只需要保留开环传递函数即可。在建模界面左侧模型库的 Blocks 目录下 interfaces 子目录中找到 RealInput 和 RealOutput 两个模块，分别放置在传递函数模块的输入端和输出端，如图 5-43 所示。

图 5-43　模型连接

接下来进行频率分析（使用频率分析工具需要加载标准库 Modelica3.2.1，可以在工具栏中单击相应选项，来进行模型库的选择和加载）。单击菜单工具 频率响应估算器 弹出"频率估算"窗口。单击弹出窗口的"输入信号"按钮，如图 5-44 所示，弹出"创建扫频信号"对话框。

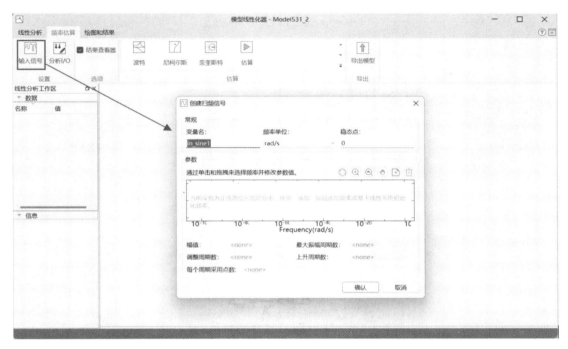

图 5-44 "创建扫频信号"对话框

单击"创建扫频信号"对话框中的按钮 ⊞ ，弹出"添加频率"对话框，采用默认值，单击"确认"按钮，添加的频率如图 5-45 所示。

根据需要修改变量名、频率单位、稳态点和频率属性值，本例均采用默认值。单击"确认"按钮，添加的扫频信号"in_sine1"便显示在线性分析工作区，如图 5-46 所示。

单击工具栏中的按钮 波特 进行估算，估算完成后自动显示曲线，如图 5-47 所示。

由此，我们得到原系统的对数频率特性曲线，并且可以从曲线中得到原系统的截止频率 30.392rad/s 和相角裕度–8.176°，与不稳定的时域响应相符。

接下来修改模型，分析加入串联校正后的系统开环频率特性，模型修改如图 5-48 所示。为了与原系统的频率特性比较，在修改模型时不要关闭保留之前频率分析结果的"频率估算"窗口。

注意，不要在一个模型图中放置两个输入/输出 interfaces，否则在频率分析时会报错，只要在之前绘制的模型前增加一个传递函数模块，并设置成串联校正装置的参数即可。

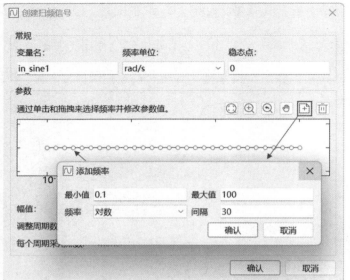

图 5-45　添加频率

线性分析工作区

▼ 数据

名称	值
〜 in_s...	1*1 Sinestream

▼ 信息

30 个频率介于 0.1 和 100 rad/s 之间的正弦流输入信号
仿真时间：1184.83 秒。

图 5-46　线性分析工作区

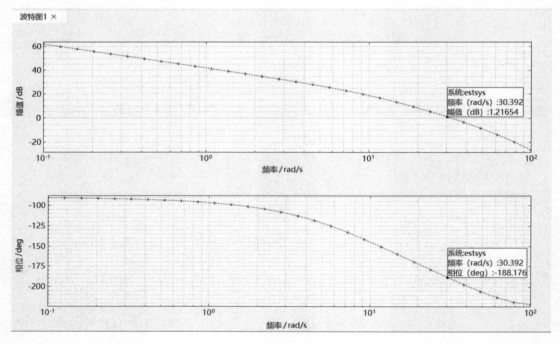

图 5-47　频率分析结果

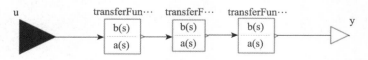

图 5-48　模型修改

138

设置滞后超前校正环节参数，如图 5-49 和图 5-50 所示。

参数	
b	{0.1, 1}
a	{1 / 63, 1}

图 5-49　滞后超前校正环节 1 参数设置

参数	
b	{0.5, 1}
a	{3.15, 1}

图 5-50　滞后超前校正环节 2 参数设置

为了更好地观察截止频率，可以重新创建扫频信号，在默认信号频率的基础上，添加频率点，如图 5-51 所示。

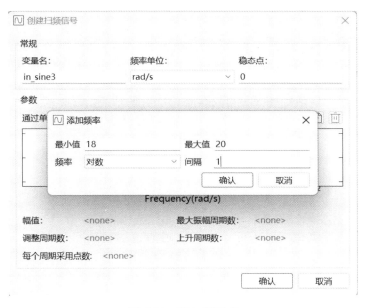

图 5-51　添加频率点

采用与原系统频率分析相似的方式，得到校正后系统的对数频率特性曲线，为了同时观察原系统和校正后系统的曲线，单击已生成的波特图 1，如图 5-52 所示。

图 5-52　单击生成的波特图 1

分析结果。红线为校正后系统的波特图，由图 5-53 可知，校正后系统的截止频率约为

18.9rad/s，相角裕度约为 53.6°，基本满足题目要求。

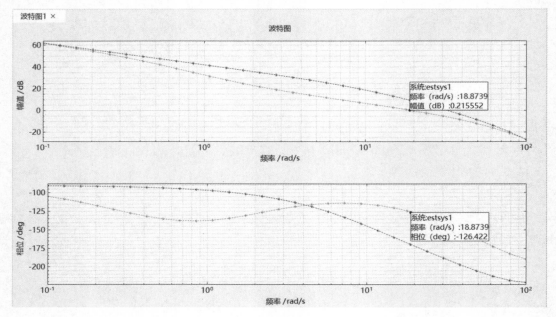

图 5-53　波特图 1

修改后系统的时域响应如图 5-54 所示。

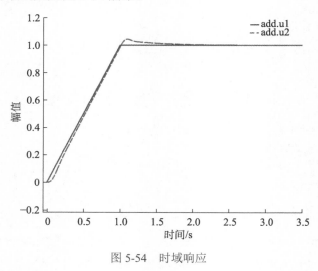

图 5-54　时域响应

5.4　比例积分微分控制

5.4.1　比例积分微分控制原理

在当今应用的工业控制器中，有半数以上采用了比例积分微分控制（Proportional-Integral-

Derivative Control），简称 PID 控制。PID 控制的价值取决于它们对大多数控制系统的广泛适用性，体现在：原理简单，应用方便，参数调整灵活；适用性强，特别是当被控对象的数学模型未知，而不能使用解析设计方法时，PID 控制就显得特别有用；鲁棒性强，控制品质对受控对象的变化不太敏感，如受控对象受外界扰动时，无须经常改变控制器参数或结构。

PID 控制通过对误差信号 $e(t)$ 进行比例、积分、微分运算和结果的加权处理，得到控制器的输出 $u(t)$，作为控制对象的控制值。

$$u(t) = K_p \cdot e(t) + \frac{1}{K_i} \int_0^t e(t) \mathrm{d}t + K_d \frac{\mathrm{d}e(t)}{\mathrm{d}t} \tag{5-23}$$

经拉普拉斯变换后，PID 控制器可描述为

$$G_s(s) = K_p + \frac{1}{K_i s} + K_d s \tag{5-24}$$

式中，K_p 为比例积分系数；K_i 为积分时间常数；K_d 为微分时间常数。

下面对控制器中各部分进行详细描述。

1. 比例控制

比例控制（P 控制）是指控制律中的 $u = K_p \cdot e$ 项，其控制作用如图 5-55 所示。它的控制特点：偏差一旦产生，便即时控制，没有时滞，动态性好；有差调节，被调节量无法与设定值完全相等，它们之间一定有残差。

如果增大比例系数，实质上相当于增大开环放大倍数，则系统响应加快，稳态误差减小，但是不能消除，增大到一定阈值后，系统可能会发散而不稳定。如果减小比例系数，系统响应减慢，稳态误差增大，但稳定裕度提升。

2. 积分控制

积分控制（I 控制）是指控制律中 $u = \int_0^t e \mathrm{d}t / K_i$ 这一项，其控制作用如图 5-56 所示，$S = 1/K_i$ 为积分速度。它的控制特点：控制输出不仅与偏差大小有关，还与偏差存在的时间长短有关；无差调节，只要偏差存在，调节器就会一直作用，直到偏差为 0，调节器会稳定不变。

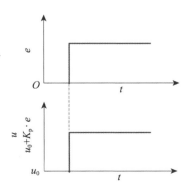

图 5-55　P 控制的控制作用

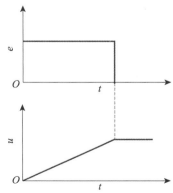

图 5-56　I 控制的控制作用

如果增大积分速度，则调节速度加快，但当积分速度大于某一临界值后，系统可能不稳定；另外，积分速度越快，越容易引起振荡。如果减小积分速度，则偏差消除速度减慢，系统稳定性增加。一般来讲，积分控制不单独使用，它作为一种辅助的调节，通常与比例控制组合使用。

3. 微分控制

微分控制（D 控制）是指控制律中的 $u = K_d \cdot de / dt$ 项，其控制作用如图 5-57 所示。它的控制特点：根据误差变化率进行控制，偏差变化越剧烈，控制作用越强，越能够提升系统稳定性；若偏差无变化，则不起作用；有差调节，微分调节无法完全消除残差。

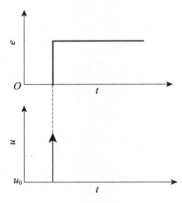

图 5-57　D 控制的控制作用

如果增大微分系数，则控制作用增强，需要说明的是，微分作用与偏差大小无关，与偏差变化率正相关；如果减小微分系数，则控制作用减弱。

5.4.2　PID 控制的 MWORKS 实现

1. P 控制

【例 5-6】已知被控对象传递函数如下，考虑采用 P 控制，比例系数 $K_p = 0.5$、2.0、2.4、3.0、3.5，求系统闭环的单位阶跃响应。

$$G(s) = \frac{1}{(s+1)(2s+1)(5s+1)}$$

使用 Julia 语言在 MWORKS.Syslab 中编程，代码如下：

```
# 创建被控对象模型
s = tf("s")
G = 1 / ((s + 1) * (2 * s + 1) * (5 * s + 1))
Kp = [0.5, 2.0, 2.4, 3.0, 3.5]

# 预定义开环系统
GCp = Array{TyControlSystems.TransferFunction}(undef, length(Kp))
```

```
# 不同增益的开环系统定义及闭环阶跃响应计算
line = ["-","--", ":", "-.", "."]
for i in 1:length(Kp)
    GCp[i] = pid(Kp[i]) * G
    step(feedback(GCp[i]), 35, ishold=true, linewidth=1.5, line[i])
end
grid("on")
hold("on")

# setpoint 绘制
plot([0, 35],[1, 1], "-k", linewidth=1.5)

# legend 绘制
lines = gca().get_lines()
legend([lines[1], lines[3], lines[5], lines[7], lines[9], lines[11]], ["Kp=0.5", "Kp=2.0", "Kp=2.4", "Kp=3.0", "Kp=3.5",
"Setpoint=1"])
```

运行结果如图 5-58 所示，由结果可知，P 控制是有差调节，且比例系数越大，系统稳态误差越小，响应越快，但超调越大。

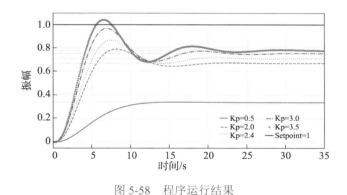

图 5-58　程序运行结果

2. 比例微分（PD）控制

【例 5-7】对例 5-6 中的系统采用 PD 控制，确定比例系数 $K_p = 5$，微分系数 $K_d = 0.1$、0.7、1.5、3.5、8.0，求系统闭环的单位阶跃响应。

使用 Julia 语言在 MWORKS.Syslab 中编程，代码如下：

```
# 创建被控对象模型
s = tf("s")
G = 1 / ((s + 1) * (2 * s + 1) * (5 * s + 1))
Kd = [0.1, 0.7, 1.5, 3.5, 8.0]

# 预定义系统
GCpd = Array{TyControlSystems.TransferFunction}(undef, length(Kd))

# 不同增益的开环系统定义及闭环阶跃响应计算
line = ["-", "--", ":", "-.", "."]
```

```
for i in 1:length(Kd)
    GCpd[i] = pid(5, 0, Kd[i]) * G
    step(feedback(GCpd[i]), 35, ishold=true, linewidth=1.5, line[i])
end
grid("on")
hold("on")
title("系统在 PD 控制器作用下的阶跃响应，Kp=5")

# setpoint 绘制
plot([0, 35], [1, 1], "-k", linewidth=1.5)
# legend 绘制
lines = gca().get_lines()
legend([lines[1], lines[3], lines[5], lines[7], lines[9], lines[11]], ["Kd=0.1", "Kd=0.7", "Kd=1.5", "Kd=3.5", "Kd=8.0", "Setpoint=1"])
```

程序运行结果如图 5-59 所示，由结果可知，PD 控制器引入微分项后，提升了系统稳定性，且加快了系统响应速度，但是 PD 控制无法消除系统残差。

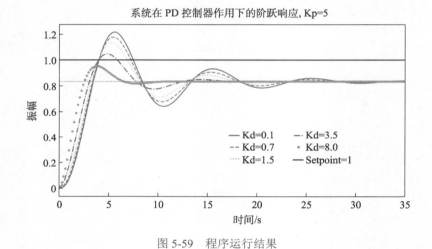

图 5-59　程序运行结果

3. 比例积分（PI）控制

【例 5-8】对例 5-6 中的系统采用 PI 控制，确定比例系数 $K_p = 2$，积分系数 $K_i = 1.5$、3.0、7.0、10、15，求系统闭环的单位阶跃响应。

使用 Julia 语言在 MWORKS.Syslab 中编程，代码如下：

```
# 创建被控对象模型
s = tf("s")
G = 1 / ((s + 1) * (2 * s + 1) * (5 * s + 1))
Ki = [1.5, 3, 7, 10, 15]
# 预定义系统
line = ["-", "--", ":", "-.", "."]
GCpi = Array{TyControlSystems.TransferFunction}(undef, length(Kd))
for i in 1:length(Ki)
```

```
        GCpi[i] = pid(2, 1 / Ki[i]) * G
        step(feedback(GCpi[i]), 100, ishold=true, linewidth=1.5, line[i])
end
grid("on")
hold("on")
title("系统在 PD 控制器作用下的阶跃响应，Kp=2")
# setpoint 绘制
plot([0, 100], [1, 1], "-k", linewidth=1.5)
# legend 绘制
lines = gca().get_lines()
legend([lines[1], lines[3], lines[5], lines[7], lines[9], lines[11]], ["Ki=1.5", "Ki=3.0", "Ki=7.0", "Ki=10", "Ki=15", "Setpoint=1"])
```

程序运行结果如图 5-60 所示，由结果可知，PI 控制器引入积分项，可以消除残差，本书用 $1/K_i$ 表示积分系数，因此 K_i 越小，积分作用越强，系统稳定性越差。

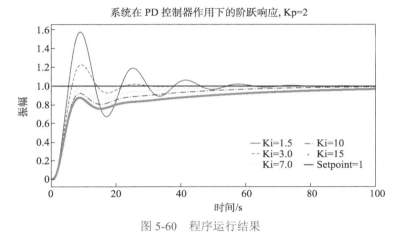

图 5-60　程序运行结果

4. PID 控制

【例 5-9】针对例 5-6 中的系统，对比 P 控制、PD 控制、PI 控制、PID 控制的响应情况。四种控制的具体参数如下：

$$C_p = K_p, \quad K_p = 3.5$$

$$C_{pd} = K_p + K_d \cdot s, \quad K_p = 3.5, \quad K_d = 3.5$$

$$C_{pi}(s) = K_p + \frac{1}{K_i \cdot s}, \quad K_p = 3.5, \quad K_i = 2$$

$$C_{pid}(s) = K_p + \frac{1}{K_i \cdot s} + K_d \cdot s, \quad K_p = 3.5, \quad K_i = 2, \quad K_d = 3.5 。$$

使用 Julia 语言在 MWORKS.Syslab 中编程，代码如下：

```
# 创建被控对象模型
s = tf("s")
G = 1 / ((s + 1) * (2 * s + 1) * (5 * s + 1))
C = [pid(3.5), pid(3.5, 0, 3.5), pid(3.5, 1 / 2), pid(3.5, 1 / 2, 3.5)]
```

```
# 预定义系统
line = ["-", "--", ":", "-."]
GC = Array{TyControlSystems.TransferFunction}(undef, length(C))
for i in 1:length(C)
    GC[i] = C[i] * G
    step(feedback(GC[i]), 60, ishold=true, linewidth=1.5,line[i])
end
grid("on")
hold("on")
title("系统在各类 PID 控制器作用下的阶跃响应")

# serPoint 绘制
plot([0, 60], [1, 1], "-k", linewidth=1.5)

# legend 绘制
Cp = raw"$C_{P}=3.5$"
Cpd = raw"$C_{PD}=3.5+3.5s$"
Cpi = raw"$C_{PI}=3.5+\frac{1}{{2s}}$"
Cpid = raw"$C_{PID}=3.5+\frac{1}{{2s}}+3.5s$"
lines = gca().get_lines()
legend([lines[1], lines[3], lines[5], lines[7]], [Cp, Cpd, Cpi, Cpid])
```

程序运行结果如图 5-61 所示。

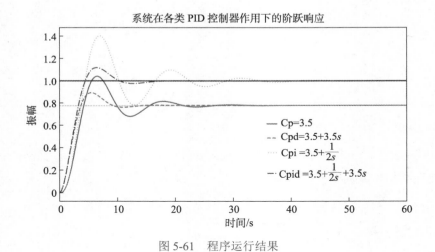

图 5-61　程序运行结果

本 章 小 结

本章主要介绍了控制系统的校正概述、根轨迹校正、频域响应校正和 PID 控制方法。首先概述了控制系统校正的基本概念和常见类型，包括控制系统的性能指标，校正的目的就是通过设计控制器使得系统满足控制指标。接下来详细阐述了根轨迹校正和频域响应校正的基本原理和步骤，并分析了该方法的特点和应用场景。然后，介绍了 PID 控制的基本原理和步骤，并探讨了该方法的特点和应用场景，PID 控制方法是工业应用中使用最多的控制方法，我们结合 MWORKS 应用案例进行了演示。

总体而言，本章强调了各种校正方法的特点和应用场景，为读者提供了有关控制系统的校正设计的全面知识。这些方法在工程实践中具有广泛的应用价值，有助于提高控制系统的性能和稳定性。在未来的研究中，可以进一步探索这些校正方法的优化和组合应用，为控制系统设计提供更加高效和灵活的解决方案。

习 题 5

5.1 已知系统开环传递函数为 $G_0(s) = \dfrac{4.3}{2s(0.5s+1)(0.25s+1)}$，设计超前校正环节，使其校正后系统的稳态速度误差 $K_v \leqslant 4.6$，闭环主导极点满足阻尼比 $\zeta = 0.2$，自然振荡角频率 $\omega_n = 12\text{rad/s}$，并绘制矫正前后系统的单位阶跃响应曲线、单位脉冲响应曲线和根轨迹。

5.2 已知系统开环传递函数为 $G_0 = \dfrac{6}{1.5s(s+3)}$，设计滞后校正环节，使其校正后的稳态速度误差 $K_v \leqslant 6$，闭环主导极点满足阻尼比 $\zeta = 0.407$，并绘制矫正前后系统的单位阶跃响应曲线、单位脉冲响应曲线和根轨迹。

5.3 已知系统开环传递函数为 $G_0 = \dfrac{2}{s(0.1s+1)(0.3s+1)}$，设计超前校正环节，使其校正后的稳态速度误差 $K_v \leqslant 5$，相角裕度为 $40°$，并绘制矫正前后系统的单位阶跃响应曲线、开环波特图和奈奎斯特图。

5.4 已知系统开环传递函数为 $G_0 = \dfrac{2}{s(s+2.8)(s+0.8)}$，设计超前校正环节，使其校正后的稳态速度误差 $K_v \leqslant 5$，系统阻尼比 $\zeta = 0.267$，并绘制矫正前后系统的单位阶跃响应曲线、开环波特图和奈奎斯特图。

5.5 设被控对象的开环传递函数为 $G_0 = \dfrac{k}{s(s+1)(s+3)}$，设计要求：$K_v = 10\text{s}^{-1}$，$\gamma \geqslant 38°$，$\omega_c \geqslant 1.0\text{rad/s}$，$t_p \leqslant 3\text{s}$，$t_s \leqslant 10\text{s}$（误差带 5%），试确定滞后超前串联校正器的参数。

5.6 已知过程控制系统被控对象传递函数 $G_0 = \dfrac{k}{(20s+1)(5s+1)(2s+1)^2}$，试计算串联调节器 $G_c(s)$ 作为 P 控制器、PI 控制器、PD 控制器、PID 控制器时的参数，并进行阶跃响应仿真。

第 6 章

基于 MWORKS 的状态空间极点配置

控制系统的性能主要取决于系统闭环零极点的分布。在运用经典控制理论的频率特性法或根轨迹法进行控制系统设计时，就是根据系统的动态性能指标要求来配置闭环传递函数的零极点的。通常，系统的动态性能可由其闭环主导极点来估算。

在现代控制理论中，由于采用了状态空间表达式描述一个系统，所以可以将系统的状态信息进行反馈，即形成状态反馈。人们已经证明，当 n 维线性定常系统状态完全可控时，采用状态反馈，可以任意配置闭环系统的几个极点，使它们具有指定的希望值，从而使闭环系统具有期望的动态特性。

本章首先介绍状态反馈和输出反馈的概念和性质，以及如何利用状态反馈进行闭环系统的极点配置，然后讨论状态观测器的设计和带状态观测器的状态反馈系统。

通过本章学习，读者可以了解（或掌握）：

❖ 状态反馈和输出反馈的形式；

❖ 闭环系统的能控性与能观性；

❖ 极点配置的基本方法；

❖ 全维状态观测器与降维状态观测器的配置方法。

6.1 状态空间反馈基础 ///////////////////////////

实现自动控制的基本手段就是对一些变量进行反馈，形成闭环控制系统。在应用状态空间法进行控制系统设计时，有两种基本反馈形式——状态反馈和输出反馈。

6.1.1 状态空间及状态空间表达式

以状态空间变量 $x_1(t), x_2(t), \cdots, x_n(t)$ 为坐标轴所构成的 n 维空间，称为状态空间。

状态空间中的每一个点对应于系统的某一特定状态。反过来，系统在任何时刻的状态都可以用状态空间中的一个点来表示。如果给定了初始时刻 t_0 的状态 $x(t_0)$ 和 $t \geq t_0$ 时的输入函数，随着时间的推移，$x(t)$ 将在状态空间中描绘出一条轨迹，称为状态轨迹。状态向量的状态空间表示将代数表示和几何概念联系起来。

状态方程指把系统的状态变量与输入变量之间的关系用一组一阶微分方程来描述的数学模型。

输出方程指描述系统输出变量与状态变量、输入变量之间关系的数学表达式。状态方程和输出方程组合起来，构成对一个系统动态行为的完整描述，称为系统的状态空间表达式。

对于具有 r 个输入变量、m 个输出变量、n 个状态变量的系统，不管系统是线性的还是非线性的，是时变的还是定常的，其状态空间表达式的一般形式都是

$$\dot{x}(t) = f(x(t), u(t), t)$$
$$y(t) = g(x(t), u(t), t)$$

（6-1）

式中，$x(t)$ 为状态向量，

$$x(t) = \begin{pmatrix} x_1(t) \\ x_2(t) \\ \vdots \\ x_n(t) \end{pmatrix}, x \in \mathbf{R}^n$$

$u(t)$ 为输入（控制）向量，

$$u(t) = \begin{pmatrix} u_1(t) \\ u_2(t) \\ \vdots \\ u_r(t) \end{pmatrix}, u \in \mathbf{R}^r$$

$y(t)$ 为输出向量，

$$y(t) = \begin{pmatrix} y_1(t) \\ y_2(t) \\ \vdots \\ y_m(t) \end{pmatrix}, y \in \mathbf{R}^m$$

f 为函数矩阵，$f = [f_1, f_2, \cdots, f_n]^{\mathrm{T}}$；$g$ 为函数矩阵，$g = [g_1, g_2, \cdots, g_m]^{\mathrm{T}}$。

若按线性、非线性、时变和定常划分，系统可分为非线性时变系统、非线性定常系统、线性时变系统和线性定常系统。这里，我们仅考虑线性定常系统的状态空间表达。

线性定常系统中，向量函数 f 和 g 的各元是 $x_1, x_2, \cdots, x_n$；$u_1, u_2, \cdots, u_r$。根据线性系统的叠加原理，状态方程和输出方程可写为

$$\begin{cases} \dot{x}_1(t) = a_{11}x_1 + a_{12}x_2 + \cdots + a_{1n}x_n + b_{11}u_1 + b_{12}u_2 + \cdots + b_{1r}u_r \\ \dot{x}_2(t) = a_{21}x_1 + a_{22}x_2 + \cdots + a_{2n}x_n + b_{21}u_1 + b_{22}u_2 + \cdots + b_{2r}u_r \\ \qquad\qquad\qquad\qquad\qquad\vdots \\ \dot{x}_n(t) = a_{n1}x_1 + a_{n2}x_2 + \cdots + a_{nn}x_n + b_{n1}u_1 + b_{n2}u_2 + \cdots + b_{nr}u_r \end{cases} \tag{6-2}$$

$$\begin{cases} y_1(t) = c_{11}x_1 + c_{12}x_2 + \cdots + c_{1n}x_n + d_{11}u_1 + d_{12}u_2 + \cdots + d_{1r}u_r \\ y_2(t) = c_{21}x_1 + c_{22}x_2 + \cdots + c_{2n}x_n + d_{21}u_1 + d_{22}u_2 + \cdots + d_{2r}u_r \\ \qquad\qquad\qquad\qquad\qquad\vdots \\ y_m(t) = c_{m1}x_1 + c_{m2}x_2 + \cdots + c_{mn}x_n + d_{m1}u_1 + d_{m2}u_2 + \cdots + d_{mr}u_r \end{cases} \tag{6-3}$$

将式（6-2）和式（6-3）用矩阵方程的形式表示，可得出线性定常系统的状态空间表达式：

$$\dot{x}(t) = Ax(t) + Bu(t)$$
$$y(t) = Cx(t) + Du(t) \tag{6-4}$$

式中，

$$A = \begin{pmatrix} a_{11} & a_{12} & \cdots & a_{1n} \\ a_{21} & a_{22} & \cdots & a_{2n} \\ \vdots & \vdots & \ddots & \vdots \\ a_{n1} & a_{n1} & \cdots & a_{nn} \end{pmatrix}, \quad B = \begin{pmatrix} b_{11} & b_{12} & \cdots & b_{1r} \\ b_{21} & b_{22} & \cdots & b_{2r} \\ \vdots & \vdots & \ddots & \vdots \\ b_{n1} & b_{n1} & \cdots & b_{nr} \end{pmatrix}$$

$$C = \begin{pmatrix} c_{11} & c_{12} & \cdots & c_{1n} \\ c_{21} & c_{22} & \cdots & c_{2n} \\ \vdots & \vdots & \ddots & \vdots \\ c_{m1} & c_{m1} & \cdots & c_{mn} \end{pmatrix}, \quad D = \begin{pmatrix} d_{11} & d_{12} & \cdots & d_{1r} \\ d_{21} & d_{22} & \cdots & d_{2r} \\ \vdots & \vdots & \ddots & \vdots \\ d_{m1} & d_{m1} & \cdots & d_{mr} \end{pmatrix}$$

6.1.2 状态反馈和输出反馈

将系统的状态变量作为反馈变量，经过变换阵与系统的输入信号叠加而构成的闭环系统就是状态反馈系统。多输入–多输出系统状态反馈的结构图如图 6-1 所示。

图中被控系统的状态空间表达式为

$$\dot{x} = Ax + Bu$$
$$y = Cx + Du \tag{6-5}$$

式中，$x \in \mathbf{R}^n$，$u \in \mathbf{R}^r$，$y \in \mathbf{R}^m$。

状态反馈控制律为

$$u = v - Kx \tag{6-6}$$

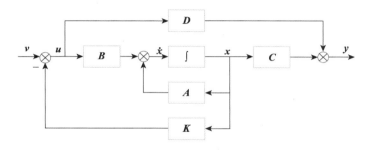

图 6-1　多输入–多输出系统状态反馈的结构图

式中，$v \in \mathbf{R}^r$ 为参考输入；K 为状态反馈矩阵，$K \in \mathbf{R}^{r \times n}$。

　　将式（6-6）代入式（6-5），即得多输入–多输出系统具有状态反馈的闭环系统的状态空间表达式：

$$\dot{x} = (A - BK)x + Bv$$
$$y = (C - DK)x + Dv \tag{6-7}$$

当 $D = 0$ 时，式（6-7）简化为

$$\dot{x} = (A - BK)x + Bv$$
$$y = Cx \tag{6-8}$$

简记为 $\sum_K = (A - BK, B, C)$，对应的传递函数矩阵为

$$W_K(s) = C(sI - A + BK)^{-1}B \tag{6-9}$$

可见，状态反馈矩阵的引入没有增加系统的维数，但通过反馈矩阵可以改变系统的特征值。如果系统的维数是最小的，其传递函数的极点与系统的特征值是一致的。

　　输出反馈指将系统的输出向量进行线性反馈，其结构图如图 6-2 所示。

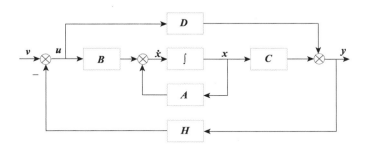

图 6-2　输出反馈系统结构图

　　图 6-2 中被控系统的表达式仍为式（6-5），其输出反馈控制律为

$$u = v - Hy \tag{6-10}$$

式中，H 为输出反馈矩阵，$H \in \mathbf{R}^{r \times m}$。

　　将式（6-5）代入式（6-10），可得

$$u = v - H(Cx + Du) = v - HCx - HDu \tag{6-11}$$

整理得

$$u = (I + HD)^{-1}(v - HCx) \qquad (6\text{-}12)$$

再把式（6-12）代入式（6-5），即得具有输出反馈的闭环系统的状态空间表达式：

$$\dot{x} = [A - B(I + HD)^{-1}HC]x + B(I + HD)^{-1}v \qquad (6\text{-}13)$$

$$y = [C - D(I + HD)^{-1}HC]x + D(I + HD)^{-1}v$$

当 $D = 0$ 时，式（6-13）简化为

$$\dot{x} = (A - BHC)x + Bv \qquad (6\text{-}14)$$

$$y = Cx$$

简记为 $\sum_H = (A - BHC, B, C)$，其传递函数矩阵为

$$W_H(s) = C[sI - A + BHC]^{-1}B \qquad (6\text{-}15)$$

可见，通过调整输出反馈矩阵 H 也可以改变闭环系统的特征值。但与状态反馈相比较，输出反馈中的 HC 相当于状态反馈中的 K，由于 $m < n$，所以 H 可供选择的自由度比 K 小。当 C 列满秩时，输出反馈等同于全状态反馈；一般情况下，输出反馈只相当于部分状态反馈。输出反馈实现起来比较容易。

6.2 能控性与能观性

6.2.1 系统的能控性

能控性和能观性是现代控制理论中两个重要的基本概念，它们是卡尔曼在 1960 年首先提出的。在现代控制理论中，分析和设计一个控制系统时，必须研究这个系统的能控性和能观性。状态方程描述了输入向量 $u(t)$ 引起状态向量 $x(t)$ 变化的过程；输出方程则描述了由状态向量变化引起的输出向量 $y(t)$ 的变化。能控性和能观性分别用来分析 $u(t)$ 对状态向量 $x(t)$ 的控制能力以及 $y(t)$ 对状态向量 $x(t)$ 的反映能力。

1. 线性时变连续系统的能控性

1）状态的能控性

状态的能控性是指系统的输入向量能否控制状态向量的变化。

设线性时变连续系统的方程为

$$\begin{cases} \dot{x}(t) = A(t)x(t) + B(t)u(t) \\ y(t) = C(t)x(t) \end{cases}$$

式中，$x(t)$ 为 n 维状态向量；$u(t)$ 为 r 维输入向量；$A(t)$ 为 $n \times n$ 维系统矩阵；$B(t)$ 为 $n \times r$ 维输入矩阵；$y(t)$ 为 m 维输出向量；$C(t)$ 为 $m \times n$ 维量测矩阵。

定义 6.1 若存在输入向量 $u(t)$，能在有限时间 $t_f > t_0$ 内，将系统从任意非零初始状态 $x(t_0)$ 转移到终端状态 $x(t_f) = 0$，那么，称该系统的状态在时刻 t_0 是完全能控的，或简称系统是能控的。否则，系统就是不完全能控的，或简称不能控。若系统在任意一个初始时刻都

是能控的，则称系统是一致完全能控的。

2）输出的能控性

系统的被控向量往往不是系统的状态向量，而是系统的输出向量，因此系统的输出向量是否能控就成为一个重要的问题。输出的能控性是指系统的输入能否控制系统的输出。

定义 6.2 若系统存在一个输入向量 $u(t)$，在有限时间 $t_f > t_0$ 内，能将输出向量 $y(t_0) = 0$ 转移到任意的输出向量 $y(t_f) = y_f$，则称系统在时刻 t_0 是输出完全能控的。如果系统在所有的初始时刻都是输出能控的，则称系统是输出一致完全能控的。

定理 6.1 系统在 t_0 时刻输出能控的充要条件是，在一个有限时间 $t > t_0$ 内，对于属于时间区间 $[t_0, t)$ 内的 T，连续脉冲响应矩阵 $G(t, T)$ 的所有行向量是线性无关的。

2. 线性定常连续系统的能控性

设线性定常连续系统的状态方程为

$$\begin{cases} \dot{x}(t) = Ax(t) + Bu(t) \\ y(t) = Cx(t) \end{cases}$$

式中，A、B、C 为常值矩阵。

如果存在一个分段连续的输入向量 $u(t)$，能在有限时间区间 $[t_0, t_f]$ 内，将系统从任一初始状态向量 $x(t_0)$ 转移到终端状态向量 $x(t_f)$，那么称此系统是状态完全能控的，或简称此系统是能控的。若系统的 n 个状态变量中，至少有一个状态变量不能控，则称此系统是状态不完全能控的，或简称系统是不能控的。

定理 6.2 线性定常连续系统能控的充要条件是能观测矩阵列满秩，表示为

$$\operatorname{rank} V_o = \operatorname{rank} \begin{bmatrix} C \\ CA \\ \vdots \\ CA^{n-1} \end{bmatrix} = n$$

3. 线性时变连续系统的能观性

线性时变连续系统的方程为

$$\begin{cases} \dot{x}(t) = A(t)x(t) + B(t)u(t) \\ y(t) = C(t)x(t) \end{cases}$$

定义 6.3 若系统在初始时刻 t_0 的任意状态向量 $x(t)$，在 $t_f > t_0$ 时，可由 $[t_0, t_f]$ 内系统的输出向量 $y(t)$ 唯一地确定出来，那么，称该系统的状态在时刻 t_0 是完全能观测的，或简称系统是能观测的；否则，系统便是不完全能观测的，或简称不能观测的。

若系统在任意一个初始时刻都是能观测的，则称系统是一致完全能观测的。

定理 6.3 在时间区间 $[t_0, t_f]$ 内，线性时变系统 $\sum [A(t), C(t)]$ 状态完全能观测的充要条件是格拉姆矩阵为非奇异的。

格拉姆矩阵：

$$W_{\mathrm{o}}(t_0,t_f) = \int_{t_0}^{t_f} \boldsymbol{\Phi}^{\mathrm{T}}(\tau,t_0)\boldsymbol{C}^{\mathrm{T}}(\tau)\boldsymbol{C}(\tau)\boldsymbol{\Phi}(\tau,t_0)\,\mathrm{d}\tau$$

式中，$\boldsymbol{\Phi}(\tau,t_0)$ 为状态转移矩阵。

4. 线性定常连续系统的能观性

线性定常连续系统的状态空间表达式为

$$\begin{cases} \dot{\boldsymbol{x}}(t) = \boldsymbol{A}\boldsymbol{x}(t) + \boldsymbol{B}\boldsymbol{u}(t) \\ \boldsymbol{y}(t) = \boldsymbol{C}\boldsymbol{x}(t) \end{cases}$$

定义 6.4　如果对初始时刻 t_0 的任意初始状态向量 $x(t_0)$，在有限观测时间 $t_f > t_0$ 时，能够根据输出向量 $\boldsymbol{y}(t)$ 在 $[t_0,t_f]$ 内的测量值，唯一确定系统在时刻 t_0 的初始状态 $x(t_0)$，则称此系统的状态是完全能观测的，或简称系统能观测。

定理 6.4　线性定常连续系统能观测的充要条件是矩阵 $\boldsymbol{U}_c = \begin{bmatrix} \boldsymbol{B} & \boldsymbol{AB} & \cdots & \boldsymbol{A}^{n-1}\boldsymbol{B} \end{bmatrix}$ 行满秩，表示为

$$\mathrm{rank}\,\boldsymbol{U}_c = \mathrm{rank}\begin{bmatrix} \boldsymbol{B} & \boldsymbol{AB} & \cdots & \boldsymbol{A}^{n-1}\boldsymbol{B} \end{bmatrix} = n$$

6.2.2　MWORKS 分析函数

MWORKS 控制系统工具箱中提供了很多用来分析系统能控性和能观性的函数，可利用 ctrb() 和 obsv() 函数直接求出能控性和能观性矩阵，从而确定系统的能控性和能观性。它们的调用格式分别为

```
Uc = ctrb(A, B);
Vo = obsv(A, C);
```

其中，A、B、C 为系统的各系数矩阵，Uc 和 Vo 分别为能控性矩阵和能观性矩阵。

1. 系统的能控性分析

对线性定常连续系统，状态向量完全能控的充分必要条件是满足定理 6.2。n 维能控性矩阵 $\boldsymbol{U}_c$ 可以用 MWORKS 中的函数 ctrb() 求解。在函数 ctrb() 中，输入参量 $\boldsymbol{A}$ 为连续系统的系统矩阵 $\boldsymbol{A}$ 或者离散系统的系统矩阵 $\boldsymbol{G}$，输入参量 $\boldsymbol{B}$ 为连续系统的控制矩阵 $\boldsymbol{B}$ 或者离散系统的控制矩阵 $\boldsymbol{H}$，函数返回的就是系统能控性矩阵 $\boldsymbol{U}$，可见函数 ctrb() 既适用于连续系统，也适用于离散系统。

【例 6-1】已知离散系统的状态空间表达式为

$$\begin{cases} \boldsymbol{x}(k+1) = \boldsymbol{G}\boldsymbol{x}(k) + \boldsymbol{h}\boldsymbol{u}(k) \\ \boldsymbol{y}(k) = \boldsymbol{c}\boldsymbol{x}(k) + \boldsymbol{d}\boldsymbol{u}(k) \end{cases}$$

式中，

$$\boldsymbol{c} = \begin{bmatrix} 0 & 0 & 2.5298 \end{bmatrix}, \boldsymbol{d} = \boldsymbol{0}$$

采样周期 $T = 0.1\mathrm{s}$，试确定离散系统的能控性。

解：已知离散系统方程的系统矩阵 **G** 和 **h**，计算系统的能控性矩阵，再计算能控性矩阵的秩，根据能控性矩阵的秩来确定系统的能控性，其程序如下：

```
# 能控性判别
G = [0.9048 0 0; 0.1338 0.4651 -0.2237; 0.0243 0.2237 0.9602];
h = [0.0952; 0.0784; 0.0135];

# 计算矩阵维数
n, m = size(G);
# 计算能控性矩阵的秩
Uc = ctrb(G, h);
rc = rank(Uc);

# 判断系统是否可控
if rc == n
    println("System is controlled.")
else
    if rc < n
        println("System is no controlled.")
    else
        println("Error!")
    end
end
```

执行结果显示：

```
System is controlled.
```

以上结果表明系统是完全能控的。

2. 系统的能观性分析

对于线性定常连续系统，状态向量能观测的充要条件是满足定理 6.4。n 维能观性矩阵 Vo 可以用 MWORKS 中的函数 obsv() 来计算。在函数 obsv() 中，输入参量 **A** 为连续系统的系统矩阵 **A** 或者离散系统的系统矩阵 **G**，输入参量 **C** 为连续系统的输出矩阵 **C** 或者离散系统的输出矩阵 **C**，函数返回的就是系统能观性矩阵 **V**。可见函数 obsv() 既适用于连续系统，也适用于离散系统。

【例 6-2】确定例 6-1 中系统的能观性。

解：为确定系统的能观性，给出调用函数 obsv() 的 MWORKS 程序如下。

```
# 能观性判别
G = [0.9048 0 0; 0.1338 0.4651 -0.2237; 0.0243 0.2237 0.9602];
c = [0 0 2.5298];

# 计算矩阵维数
n, m = size(G);
# 计算能观性矩阵的秩
Vo = obsv(G, c);
ro = rank(Vo);
```

```
# 判断系统是否能观测
if ro == n
    println("System is observable.")
else
    if ro < n
        println("System is no observable.")
    else
        println("Error!")
    end
end
```

执行结果显示：

System is observable.

以上结果表明系统是能观测的。

6.2.3　反馈对能控性和能观性的影响

下面我们将考察引入状态反馈或输出反馈后，系统的能控性和能观性有何变化。

1. 状态反馈和输出反馈均不改变原被控系统的状态能控性

被控系统 $\sum_o = (A, B, C)$ 的能控性矩阵为

$$Q_{co} = [B\ AB\ A^2B\ \cdots\ A^{n-1}B] \tag{6-16}$$

引入状态反馈后闭环系统 $\sum_K = (A - BK, B, C)$ 的能控性矩阵为

$$Q_{cK} = [B\ (A - BK)B\ (A - BK)^2B\ \cdots\ (A - BK)^{n-1}B] \tag{6-17}$$

式中，列向量

$$(A - BK)B = AB - BKB$$

可通过矩阵 $[B\ AB]$ 的列向量的线性组合来表示。同样，列向量

$$(A - BK)^2B = A^2B - ABKB - BKAB + BKBKB$$

可通过矩阵 $[B\ AB\ A^2B]$ 的列向量的线性组合来表示。Q_{cK} 中其余各块也是类似的情况。所以 Q_{cK} 可以看成是由 Q_{co} 经初等变换得到的，而矩阵做初等变换并不改变矩阵的秩，即

$$\text{rank}\ Q_{cK} = \text{rank}\ Q_{co} \tag{6-18}$$

即状态反馈不改变原被控系统的状态能控性。

当系统具有输出反馈时，情况与上面类似。

2. 输出反馈不改变原被控系统的状态能观性，但状态反馈可能改变原被控系统的能观性

被控系统 $\sum_o = (A, B, C)$ 的能观性矩阵为

$$Q_{co} = \begin{bmatrix} C \\ CA \\ \vdots \\ CA^{n-1} \end{bmatrix} \qquad (6-19)$$

引入输出反馈后闭环系统 $\sum_H = (A - BHC, B, C)$ 的能观性矩阵为

$$Q_{oH} = \begin{bmatrix} C \\ C(A - BHC) \\ \vdots \\ C(A - BHC)^{n-1} \end{bmatrix} \qquad (6-20)$$

与前面类似，Q_{oH} 可以看成是由 Q_{co} 经初等变换得到的，所以

$$\text{rank } Q_{oH} = \text{rank } Q_{co} \qquad (6-21)$$

即输出反馈不改变原被控系统的能观性。

但状态反馈却有可能改变原被控系统的能观性。这是因为状态反馈可以任意配置系统传递函数的极点，却不能改变系统传递函数的零点，所以有可能出现配置的极点与传递函数的零点相消的现象，从而改变了原系统的能观性。或者说，具有状态反馈的系统 $\sum_K = (A - BK, B, C - DK, D)$ 中，若 $K = D^{-1}C$，则反馈系统的输出向量与状态向量无关。

6.3 极点配置与必要条件 ///////////////

由 6.1 节可知，采用状态反馈或输出反馈可以改变系统的特征值，所以可以采用这两种反馈方式进行控制系统的设计。把这种通过选择反馈矩阵，使闭环系统的极点位于期望位置的设计问题称为极点配置问题。本节将讨论两种反馈方式能否配置系统的全部极点、极点配置的条件以及极点配置的设计方法。

6.3.1 状态反馈

定理 6.5 单输入–单输出系统，利用线性状态反馈矩阵 K，使闭环系统 $\sum_K = (A - BK, B, C)$ 能够任意配置极点的充要条件是状态完全能控。其中，A 为系统矩阵，B 为输入矩阵，C 为输出矩阵。

证明：如果系统 $\sum_o = (A, B, C)$ 状态完全能控，则通过状态反馈有

$$\det[\lambda I - (A - bK)] = f^*(\lambda) \qquad (6-22)$$

式中，$f^*(\lambda)$ 为系统期望的特征多项式。

$$f^*(\lambda) = \prod_{i=1}^{n}(\lambda - \lambda_i) = \lambda^n + a_{n-1}^* \lambda^{n-1} + \cdots + a_1^* \lambda + a_0^* \qquad (6-23)$$

式中，$\lambda_i\,(i=1,2,\cdots,n)$ 为期望的闭环极点。

若 $\sum_{\text{o}}$ 完全能控，则存在非奇异变换 $\boldsymbol{x}=\boldsymbol{T}\overline{\boldsymbol{x}}$，将 $\sum_{\text{o}}$ 变换为能控标准型

$$\dot{\overline{\boldsymbol{x}}}=\boldsymbol{T}^{-1}\boldsymbol{A}\boldsymbol{T}\overline{\boldsymbol{x}}+\boldsymbol{T}^{-1}\boldsymbol{b}u=\overline{\boldsymbol{A}}\overline{\boldsymbol{x}}+\overline{\boldsymbol{b}}u$$
$$\boldsymbol{y}=\boldsymbol{C}\boldsymbol{T}\overline{\boldsymbol{x}}=\overline{\boldsymbol{C}}\overline{\boldsymbol{x}}$$

（6-24）

式中

$$\overline{\boldsymbol{A}}=\begin{bmatrix}0 & 1 & \cdots & 0\\ 0 & 0 & \cdots & 0\\ \vdots & \vdots & & \vdots\\ 0 & 0 & \cdots & 1\\ -a_0 & -a_1 & \cdots & -a_{n-1}\end{bmatrix},\ \overline{\boldsymbol{b}}=\begin{bmatrix}0\\ \vdots\\ 0\\ 1\end{bmatrix}$$

对应的传递函数为

$$W_{\text{o}}(s)=\overline{\boldsymbol{C}}(s\boldsymbol{I}-\overline{\boldsymbol{A}})^{-1}\overline{\boldsymbol{b}}=\frac{b_{n-1}s^{n-1}+b_{n-1}s^{n-1}+\cdots+b_1 s+b_0}{s^n+a_{n-1}s^{n-1}+\cdots+a_1 s+a_0}$$

（6-25）

采用状态反馈

$$\boldsymbol{u}=\boldsymbol{r}-\boldsymbol{K}\boldsymbol{x}=\boldsymbol{r}-\boldsymbol{K}\boldsymbol{T}\overline{\boldsymbol{x}}=\boldsymbol{r}-\overline{\boldsymbol{K}}\overline{\boldsymbol{x}}$$

（6-26）

式中，

$$\overline{\boldsymbol{K}}=\boldsymbol{K}\boldsymbol{T}=[\overline{k}_0\ \overline{k}_1\cdots\overline{k}_{n-1}]$$

则闭环系统的状态空间表达式为

$$\overline{\boldsymbol{A}}-\overline{\boldsymbol{b}}\overline{\boldsymbol{K}}$$

（6-27）

式中，

$$\overline{\boldsymbol{A}}-\overline{\boldsymbol{b}}\overline{\boldsymbol{K}}=\begin{bmatrix}0 & 1 & \cdots & 0\\ 0 & 0 & \cdots & 0\\ \vdots & \vdots & & \vdots\\ 0 & 0 & \cdots & 1\\ -a_0-\overline{k}_0 & -a_1-\overline{k}_1 & \cdots & -a_{n-1}-\overline{k}_{n-1}\end{bmatrix}$$

对应的闭环传递函数为

$$W_{\boldsymbol{K}}(s)=\overline{\boldsymbol{c}}[s\boldsymbol{I}-(\overline{\boldsymbol{A}}-\overline{\boldsymbol{b}}\overline{\boldsymbol{K}})]^{-1}\overline{\boldsymbol{b}}=\frac{b_{n-1}s^{n-1}+b_{n-2}s^{n-2}+\cdots+b_1 s+b_0}{s^n+(a_{n-1}+\overline{k}_{n-1})s^{n-1}+\cdots+(a_1+\overline{k}_1)s+(a_0+\overline{k}_0)}$$

（6-28）

可得闭环特征多项式

$$f(\lambda)=|\lambda\boldsymbol{I}-(\overline{\boldsymbol{A}}-\overline{\boldsymbol{b}}\overline{\boldsymbol{K}})|=\lambda^n+(a_{n-1}+\overline{k}_{n-1})\lambda^{n-1}+\cdots+(a_1+\overline{k}_1)\lambda+(a_0+\overline{k}_0)$$

（6-29）

比较式（6-29）和式（6-30）可见，只需取

$$a_{n-1}+\overline{k}_{n-1}=a_{n-1}^*$$
$$\vdots$$
$$a_0+\overline{k}_0=a_0^*$$

即取

$$\bar{K} = [a_0^* - a_0 \quad a_1^* - a_1 \quad \cdots \quad a_{n-1}^* - a_{n-1}] \tag{6-30}$$

就可使状态反馈系统的特征多项式与期望的特征多项式一致，即配置系统的几个特征值。

最后，根据

$$K = \bar{K}T^{-1} \tag{6-31}$$

得到变换前系统对应的状态反馈矩阵 K。

定理 6.5 也被称为极点配置定理，通过它的证明过程可以得到状态反馈矩阵的计算方法。对于单输入–单输出系统，如果被控系统为能控标准型，则状态反馈矩阵

$$K = [a_0^* - a_0 \quad a_1^* - a_1 \quad \cdots \quad a_{n-1}^* - a_{n-1}]$$

根据状态方程和期望特征方程的系数就可写出。如果被控系统不是能控标准型，则可以利用线性变换 $x = T\bar{x}$，将其变换为能控标准型，继而求得对应的状态反馈矩阵 $\bar{K}$，然后由式（6-31）就可得到对应原被控系统的状态反馈矩阵 K。实质上，状态反馈就是通过改变传递函数分子多项式各项的系数，来重新配置系统的极点。所以一般情况下，状态反馈矩阵的计算方法，就是使状态反馈后系统特征方程的各项系数与期望的特征方程的各项系数分别相等，即可得到状态反馈矩阵 K 的各个系数。

另外，状态反馈后传递函数分子多项式的各项系数并没有改变，即状态反馈不能改变系统零极点。而状态反馈却可以任意配置系统的几个极点，这样就有可能产生零极点相消现象，从而使状态反馈系统不能保持原系统的能观性。

定理 6.5 虽然是指单输入–单输出系统，但对多输入–多输出系统也是适用的。由于状态反馈矩阵 K 与状态完全能控系统输入量的数目无关，所以该定理也适用于单输入–多输出线性定常系统。对于多输入系统，如果系统是完全能控的，则可先将系统转化为对单一输入分量完全可控，再按单输入极点配置方法计算状态反馈矩阵，不过这时状态反馈矩阵的解不是唯一的。

下面给出一个算例来说明状态反馈矩阵 K 的计算步骤，并在 MWORKS 中通过仿真验证该算例的有效性。

【例 6-3】已知系统的传递函数为

$$G(s) = \frac{10}{s(s+1)(s+2)}$$

试设计状态反馈矩阵 K，使闭环系统的极点为 -2、$-1\pm j$。

解：由于传递函数 $G(s)$ 没有零极点相消现象，所以原系统是能控、能观的，根据定理 6.5，可以用状态反馈的方法将闭环极点配置在期望的位置上，根据传递函数可直接写出其能控标准型实现：

$$\begin{bmatrix} \dot{x}_1 \\ \dot{x}_2 \\ \dot{x}_3 \end{bmatrix} = \begin{bmatrix} 0 & 1 & 0 \\ 0 & 0 & 1 \\ 0 & -2 & -3 \end{bmatrix} \begin{bmatrix} x_1 \\ x_2 \\ x_3 \end{bmatrix} + \begin{bmatrix} 0 \\ 0 \\ 1 \end{bmatrix} u$$

$$y = \begin{bmatrix} 10 & 0 & 0 \end{bmatrix} \begin{bmatrix} x_1 \\ x_2 \\ x_3 \end{bmatrix}$$

设状态反馈矩阵

$$K = \begin{bmatrix} k_0 & k_1 & k_2 \end{bmatrix}$$

则闭环系统的系数矩阵为

$$(A - bK) = \begin{bmatrix} 0 & 1 & 0 \\ 0 & 0 & 1 \\ -k_0 & -2 - k_1 & -3 - k_2 \end{bmatrix}$$

对应的闭环系统特征多项式为

$$f(\lambda) = \lambda^3 + (3 + k_2)\lambda^2 + (2 + k_1)\lambda + k_0$$

根据期望的闭环极点可以写出期望的特征多项式

$$f^*(\lambda) = \lambda^3 + 4\lambda^2 + 6\lambda + 4$$

比较 $f(\lambda)$ 和 $f^*(\lambda)$ 各项系数，可得

$$k_0 = 4, \ k_1 = 4, \ k_2 = 1$$

即

$$K = \begin{bmatrix} 4 & 4 & 1 \end{bmatrix}$$

基于上述计算，在 MWORKS 中给出仿真。首先在 Sysplorer 中搭建系统模型，如图 6-3 所示。

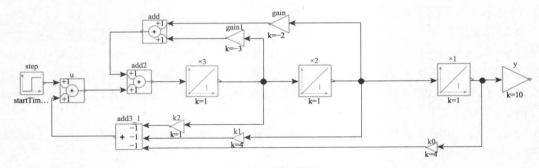

图 6-3　系统模型

通过 Modelica 模型库中的阶跃信号模块给系统施加初始扰动，使系统偏离零点位置。阶跃信号如图 6-4 所示。阶跃信号在 1s 前幅值为 5，1s 后回归为 0。

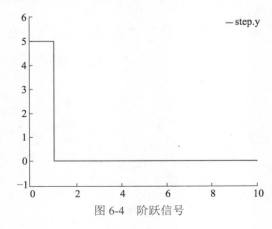

图 6-4　阶跃信号

在阶跃信号的影响下，系统的响应如图 6-5 所示。从图中可以看出，1s 前系统在阶跃信号的干扰下已完全偏离零点。但由于我们针对系统进行了极点配置，在阶跃信号不再对系统干扰后，系统会在较快时间内回归稳定。该 MWORKS 仿真算例验证了极点配置方法的有效性。

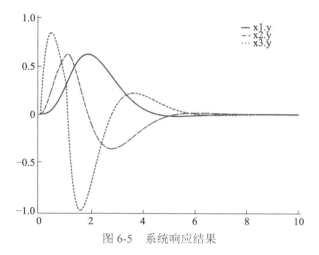

图 6-5　系统响应结果

从前面的过程已经知道，如果被控系统是状态完全能控的，则利用状态反馈可以任意配置闭环系统的特征值，从而可以使它们等于期望的特征值。如何确定期望的特征值？要从系统设计的角度综合考虑。首先，为使状态反馈矩阵 $\boldsymbol{K}$ 的元素为实数，期望的特征值应为实数或成对出现的共轭复数。其次，特征值的选取，还要考虑系统零点分布的情况，因为状态反馈不能改变系统零点。最后，一般被控系统的特征值与期望的特征值间的距离越大，状态反馈的增益也越大，这样会使系统对噪声敏感。所以，在选取期望的特征值时，还要使系统具有较好的抗干扰性能和较低的参数灵敏度。

6.3.2　输出反馈

前已述及，由于系统输出变量的个数小于状态变量的个数，所以输出反馈较状态反馈改变系统性能的能力弱。

对于单输入-单输出系统 $\sum_{\mathrm{o}} = (\boldsymbol{A},\boldsymbol{b},\boldsymbol{c})$，引入输出反馈：

$$\boldsymbol{u} = \boldsymbol{v} - \boldsymbol{h}\boldsymbol{y} \tag{6-32}$$

式中，h 为常数，系统结构图如图 6-6 所示。

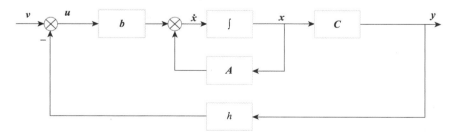

图 6-6　单输入-单输出系统结构图

输出反馈闭环系统为 $\sum_h = (A - bhc, b, c)$ ，对应的闭环特征方程为

$$f(\lambda) = \det[\lambda I - (A - bhc)] \qquad (6\text{-}33)$$

可见，由于只有一个可调参数 h ，不可能做到任意配置系统的 n 个特征值。

输出反馈系统要配置系统的 n 个特征值，就需要通过对输出的观测得到状态变量的信息，即在输出反馈通道中要有动态补偿器。

定理 6.6 单输入–单输出系统 $\sum_o = (A, b, c)$ 采用带动态补偿器的输出反馈，使闭环极点能够任意配置的充要条件是：① $\sum_o$ 是完全能控和完全能观的；②动态补偿器为 $n-1$ 阶的。

证明略。

由上面的定理可知，对于状态完全可控和完全可观的系统 $\sum_o = (A, b, c)$ ，采用带动态补偿器的输出反馈和状态反馈都能任意配置系统的 n 个特征值，即这时带补偿器的输出反馈与状态反馈是代数等价的。但在实际应用中，两种反馈的效果是不同的。带补偿器的输出反馈相当于引入了输出变量的各阶导数，对噪声敏感，所以一般不宜采用这种形式。另外，当系统是状态完全能控但不完全能观时，采用状态反馈可以任意配置闭环极点，而带有补偿器的输出反馈却做不到。

时域分析是一种最直观、最直接的分析。一般可以为控制系统预先规定一些特殊的试验输入信号，然后比较各种系统对这些信号的响应情况。

6.4　状态观测器应用

对于状态空间模型系统，通过状态反馈来实现闭环极点的任意配置，可以使得系统达到理想的性能。然而系统的状态变量并不都是能直接检测到的，有些状态变量甚至根本无法检测。这样，就产生了状态观测或者状态重构问题。由龙伯格（Luenberger）提出的状态观测器理论，解决了在确定性条件下受控系统的状态重构问题，从而使状态反馈成为一种可实现的控制律。而在噪声环境下的状态观测将涉及随机最优估计理论，即卡尔曼滤波技术，本节暂不做介绍。本节介绍在无噪声干扰下，单输入–单输出系统状态观测器的设计原理和方法。

6.4.1　全维状态观测器

给定线性定常系统 $\sum_o = (A, B, C)$ ：

$$\begin{aligned}\dot{x} &= Ax + Bu \\ y &= Cx\end{aligned} \qquad (6\text{-}34)$$

式中，x、y、u 分别为系统状态向量、系统输出向量、控制输入向量；A、B、C 为系统参数矩阵、输入矩阵、输出矩阵。假设系统状态向量 x 不能直接检测，如果动态系统 $\hat{\sum}_o$ 以 $\sum_o$ 的输入向量 u 和输出向量 y 为其输入向量，产生的一组输出向量 $\hat{x}$ 接近于 x，即 $\lim\limits_{t \to \infty} |x - \hat{x}| = 0$，则称 $\hat{\sum}_o$ 为 $\sum_o$ 的一个状态观测器。

根据上述定义，可得构造状态观测器的原则如下：

（1）观测器 $\hat{\sum}_o$ 应以 $\sum_o$ 的输入向量 $\boldsymbol{u}$ 和输出向量 $\boldsymbol{y}$ 为其输入向量；

（2）为满足 $\lim\limits_{t\to\infty}|\boldsymbol{x}-\hat{\boldsymbol{x}}|=0$，$\sum_o$ 必须完全能观测，或其不能观子系统是渐近稳定的；

（3）$\hat{\sum}_o$ 的输入应以足够快的速度渐近于 $\boldsymbol{x}$，即应有足够宽的频带，但从一直干扰的角度看，又希望频带不要太宽，因此，要根据具体情况予以兼顾；

（4）$\hat{\sum}_o$ 在结构上应尽量简单，即具有尽可能低的维数，以便于物理实现。

为了构造状态观测器，一个直观的方法是仿照系统 $\sum_o=(A,B,C)$ 的结构，设计一个相同的系统来观测状态向量 $\boldsymbol{x}$，如图 6-7 所示。

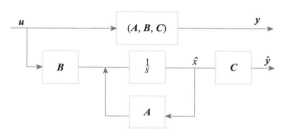

图 6-7　开环状态观测器

容易证明，只有当观测器的初态与系统初态完全相同时，观测器的输出 $\hat{\boldsymbol{x}}$ 才严格等于系统的实际状态向量 $\boldsymbol{x}$。否则，二者相差可能很大。但要严格保证系统初态与观测器初态完全一致，实际上是不可能的。此外，干扰和系统参数变化的不一致性也将加大它们之间的差别，所以这种开环状态观测器是没有实际意义的。

利用输出信息对状态误差进行校正，便可构成渐近状态观测器，其原理结构图如图 6-8 所示。它和开环状态观测器的差别在于增加了反馈校正通道。当观测器的状态向量 $\hat{\boldsymbol{x}}$ 与系统实际状态向量 $\boldsymbol{x}$ 不相等时，反映到它们的输出向量，$\boldsymbol{y}$ 与 $\hat{\boldsymbol{y}}$ 也不相等，于是产生误差信号 $\boldsymbol{y}-\hat{\boldsymbol{y}}=\boldsymbol{y}-\boldsymbol{C}\hat{\boldsymbol{x}}$，经反馈矩阵 $\boldsymbol{G}$ 馈送到观测器中每个积分器的输入端，参与调整观测器的状态，使其以一定的精度和速度趋近于系统的真实状态。渐近向量状态观测器因此得名。

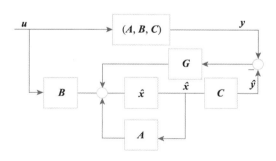

图 6-8　渐近状态观测器原理结构图

根据图 6-8 可得渐近状态观测器方程：

$$\dot{\hat{\boldsymbol{x}}}=A\hat{\boldsymbol{x}}+Bu+G(\boldsymbol{y}-\hat{\boldsymbol{y}})=A\hat{\boldsymbol{x}}+Bu+G\boldsymbol{y}-GC\hat{\boldsymbol{x}} \qquad（6-35）$$

即

$$\dot{\hat{x}} = (A - GC)\hat{x} + Bu + Gy \qquad (6\text{-}36)$$

式中，$\hat{x}$ 为渐近状态观测器的状态向量，是系统状态向量 x 的估值；y 为渐近状态观测器的输出向量；G 为渐近状态观测器的输出误差反馈矩阵。

为了计算状态向量估值 $\hat{x}$ 趋近于状态向量真值 x 的渐近速度，引入状态误差向量：

$$\tilde{x} = x - \hat{x} \qquad (6\text{-}37)$$

可得状态误差方程：

$$
\begin{aligned}
\dot{\tilde{x}} = \dot{x} - \dot{\hat{x}} &= Ax + Bu - (A - GC)\hat{x} - Gy - Bu \\
&= Ax - (A - GC)\hat{x} - GCx \\
&= (A - GC)(x - \hat{x})
\end{aligned} \qquad (6\text{-}38)
$$

即

$$\dot{\tilde{x}} = (A - GC)\tilde{x} \qquad (6\text{-}39)$$

该方程是一个齐次微分方程，其解为

$$\tilde{x} = e^{(A-GC)}\tilde{x}, t \geqslant 0 \qquad (6\text{-}40)$$

由该式可以看出，若 $\tilde{x}(0) = 0$，则在 $t \geqslant 0$ 的所有时间内，$\tilde{x} = 0$，即状态向量估值与状态向量真值严格相等。若 $\tilde{x} \neq 0$，二者初值不相等，但 $(A - GC)$ 的特征值均具有负实部，则 $\tilde{x}$ 将渐近衰减至零，观测器的状态向量将渐近逼近实际状态向量。状态逼近的速度取决于 G 的选择和 $(A - GC)$ 特征值的配置。

6.4.2 降维状态观测器

以上介绍的观测器是建立在对原系统模拟基础上的，其维数和受控系统维数相同，称为全维观测器。实际上，系统的输出向量 y 总是能够测量的。因此，可以利用系统的输出向量 y 来直接产生部分状态变量，从而降低观测器的维数。可以证明，若系统能观，输出矩阵 c 的秩是 m，则它的 m 个状态变量可由 y 直接获得，那么，其余的 $(n-m)$ 个状态变量便只需用 $(n-m)$ 维的降维观测器进行重构即可。降维观测器的设计方法很多，下面介绍其一般设计方法。

降维观测器的设计分两步进行。第一，通过线性变换把状态向量按能检测性分解成 $\bar{x}_1$ 和 $\bar{x}_2$，其中 $(n-m)$ 维 $\bar{x}_1$ 需要重构，而 m 维 $\bar{x}_2$ 可由 y 直接获得。第二，对 $\bar{x}_1$ 构造 $(n-m)$ 维观测器。从而可将典型状态空间表达式表示成如下形式：

$$
\begin{aligned}
\begin{pmatrix} \dot{\bar{x}}_1 \\ \dot{\bar{x}}_2 \end{pmatrix} &= \begin{pmatrix} \bar{A}_{11} & \bar{A}_{12} \\ \bar{A}_{21} & \bar{A}_{22} \end{pmatrix} \begin{pmatrix} \bar{x}_1 \\ \bar{x}_2 \end{pmatrix} + \begin{pmatrix} \bar{B}_1 \\ \bar{B}_2 \end{pmatrix} u \\
\bar{y} &= \begin{pmatrix} 0 & I \end{pmatrix} \begin{pmatrix} \bar{x}_1 \\ \bar{x}_2 \end{pmatrix} = \bar{x}_2
\end{aligned} \qquad (6\text{-}41)
$$

该系统可表示为如图 6-9 所示的形式，其中，方框内的子系统 $\sum_1$ 是待重构的。

接下来即可仿照全维观测器的方法来设计降维观测器，即

$$
\begin{aligned}
\dot{\bar{x}}_1 &= \bar{A}_{11}\bar{x}_1 + \bar{A}_{12}\bar{x}_2 + \bar{B}_1 u \\
&= \bar{A}_{11}\bar{x}_1 + M
\end{aligned}
$$

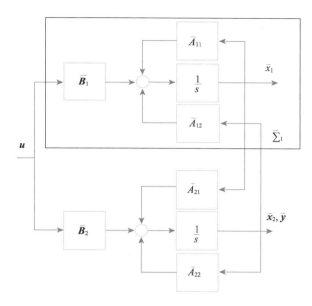

图 6-9 系统分解示意图

令 $z = \overline{A}_{21}\overline{x}_1$，因为 u 已知，$\overline{y}$ 可直接测出，所以可把

$$M = \overline{A}_{12}\overline{x}_2 + B_1 u$$
$$z = \dot{\overline{x}}_2 - \overline{A}_{22}\overline{x}_2 - \overline{B}_2 u$$

作为待观测子系统 $\overline{\sum}_1$ 已知的输入向量和输出向量处理，相当于 $\overline{\sum}_1$ 的输出矩阵。设计可得以下形式的观测器方程：

$$\dot{\hat{\overline{x}}}_1 = (\overline{A}_{11} - \overline{G}\overline{A}_{21})\hat{\overline{x}}_1 + M + \overline{G}z \qquad (6\text{-}42)$$

类似地，可通过设计矩阵 G，将特征值配置在期望的位置上。

6.4.3 MWORKS 仿真算例

1. 全维状态观测器

根据以上分析，在 MWORKS 中搭建仿真算例验证状态观测器的可行性。首先，考虑如下系统：

$$\dot{x} = \begin{pmatrix} 1 & 0 \\ 0 & 0 \end{pmatrix} x + \begin{pmatrix} 1 \\ 1 \end{pmatrix} u$$
$$y = \begin{pmatrix} 2 & -1 \end{pmatrix} x$$

通过设计反馈矩阵 G 使得状态观测器的极点为–10 和–10，从而使得状态观测器状态向量渐近逼近实际状态向量。根据计算得到反馈矩阵 $G = \begin{pmatrix} 60.5 \\ 100 \end{pmatrix}$，进一步得到观测器方程：

$$\dot{\hat{x}} = \begin{pmatrix} 1 & 0 \\ 0 & 0 \end{pmatrix} \hat{x} + \begin{pmatrix} 1 \\ 1 \end{pmatrix} u + \begin{pmatrix} 60.5 \\ 100 \end{pmatrix} (y - \hat{y})$$

在 MWORKS.Sysplorer 中搭建该系统，如图 6-10 所示。其中，上半部分为实际系统，下半部分为状态观测器，分别给实际系统和状态观测器施加阶跃输入信号，以分析状态观测器的估计效果。仿真时间设置为 10s，步长为 0.02，如图 6-11 所示。

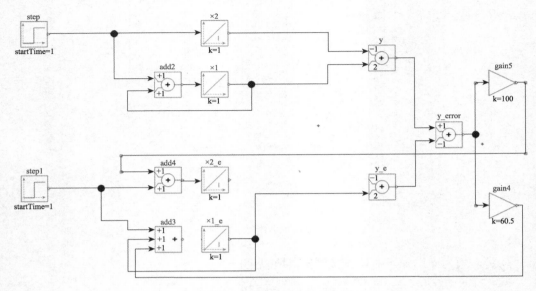

图 6-10　系统 Sysplorer 结构图

首先，将实际系统的输入信号和状态观测器的输入信号设计为完全相同的，即初始状态完全相同，如图 6-12 所示。

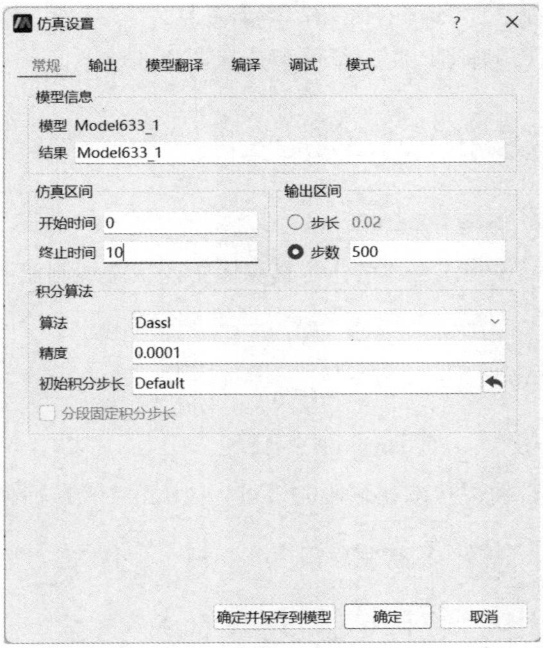

图 6-11　仿真设置

仿真结果如图 6-13 所示。

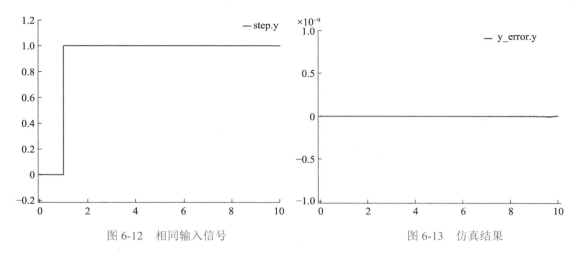

图 6-12　相同输入信号　　　　　　　　　图 6-13　仿真结果

可以看出，系统输出向量和状态观测器的输出向量之间的误差几乎为 0，阶跃信号的产生对于两者之间的误差并无影响，从而验证了 6.3.1 节中的推论，即系统和状态观测器的初始状态相同时，在 $t \geqslant 0$ 的所有时间内，状态向量估计值与真值严格相等。

接下来设计系统和观测器的不同阶跃输入信号，设计阶跃信号产生于 1s。阶跃信号产生前，系统和观测器的输入信号不同，从而使得系统和观测器在阶跃信号产生前的初始状态不同。而阶跃信号产生后两者的输入信号相同，从而观察在初始状态不同时，状态观测器对于系统状态向量的估计效果。阶跃信号如图 6-14 所示。

经仿真得到输出结果，系统和观测器的状态变量如图 6-15、图 6-16 所示。不同输入信号的输出误差如图 6-17 所示。

根据仿真结果可以看出，在 1s 阶跃信号产生时，系统和观测器状态 x_1 和 x_2 都存在较大差距，且系统和观测器也存在输出误差。而当给定系统和观测器相同的输入信号后，即 1s 后，系统和观测器状态 x_1 和 x_2 都迅速趋于一致，且系统和观测器的输出误差也迅速趋近于 0。

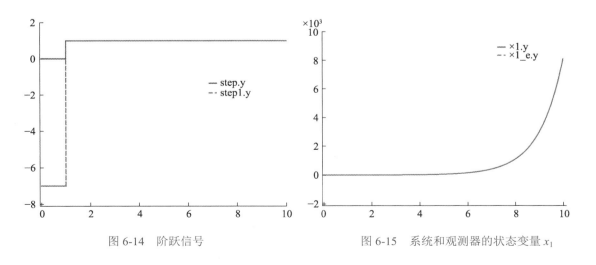

图 6-14　阶跃信号　　　　　　　　　图 6-15　系统和观测器的状态变量 x_1

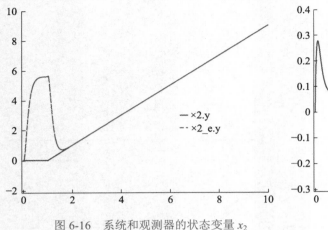

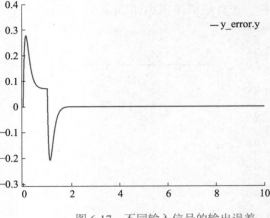

图 6-16　系统和观测器的状态变量 x_2　　　　　图 6-17　不同输入信号的输出误差

2. 降维状态观测器

下面在 MWORKS 中设计降维状态观测器，并验证可行性。考虑以下完全能控和完全能观的一个连续线性时不变受控系统：

$$\dot{\boldsymbol{x}} = \begin{bmatrix} 0 & 1 & 0 & 0 \\ 0 & 0 & -2 & 0 \\ 0 & 0 & 0 & 1 \\ 0 & 0 & 4 & 0 \end{bmatrix} \boldsymbol{x} + \begin{bmatrix} 0 \\ 1 \\ 0 \\ -1 \end{bmatrix} \boldsymbol{u} \tag{6-43}$$

$$\boldsymbol{y} = \begin{bmatrix} 1 & 0 & 0 & 0 \end{bmatrix} \boldsymbol{x}$$

式中，$n=4$，$p=q=1$，$\mathrm{rank}\, c=1$。接下来基于降维观测器设计状态反馈控制器。

首先，假设性能指标为一组期望闭环特征值：

$$\lambda_1^* = -1, \quad \lambda_{2,3}^* = -1 \pm \mathrm{j}, \quad \lambda_4^* = -2$$

相应的期望闭环特征多项式为

$$\alpha^*(s) = (s+1)(s+1-\mathrm{j})(s+1+\mathrm{j})(s+2) \tag{6-44}$$
$$= s^4 + 5s^3 + 10s^2 + 10s + 4$$

进而，考虑到问题比较简单，采用直接法求 $\boldsymbol{k}$。对此，有

$$\boldsymbol{k} = -\begin{bmatrix} k_1 & k_2 & k_3 & k_4 \end{bmatrix}$$

可得

$$\boldsymbol{A} - \boldsymbol{b}\boldsymbol{k} = \begin{bmatrix} 0 & 1 & 0 & 0 \\ k_1 & k_2 & k_3-2 & k_4 \\ 0 & 0 & 0 & 1 \\ -k_1 & -k_2 & 4-k_3 & -k_4 \end{bmatrix}$$

和

$$\alpha(s) = \det(s\boldsymbol{I} - \boldsymbol{A} + \boldsymbol{b}\boldsymbol{k}) = s^4 + (k_4-k_2)s^3 + (k_3-k_1-4)s^2 + 2k_2 s + 2k_1 \tag{6-45}$$

而通过比较 $\alpha(s)$ 和 $\alpha^*(s)$ 的同幂次项系数，可以导出：

$$2k_1 = 4, \ 2k_2 = 10, \ k_3 - k_4 = 14, \ k_4 - k_2 = 5$$

求解上述方程组，可以得到状态反馈矩阵

$$\boldsymbol{k} = -\begin{bmatrix} 2 & 5 & 16 & 10 \end{bmatrix}$$

　　接下来设计观测器。根据降维观测器的设计方法可知，降维观测器的维数为 $n - q = 3$。再由受控系统输出方程可以直接看出，$x_1 = y$ 无须重构；而状态方程已处于规范形式，所以无须再引入变换。基于此，导出各个分块矩阵：

$$\overline{\boldsymbol{A}}_{11} = 0, \ \overline{\boldsymbol{A}}_{12} = \begin{bmatrix} 1 & 0 & 0 \end{bmatrix}, \ \overline{\boldsymbol{A}}_{21} = \begin{bmatrix} 0 \\ 0 \\ 0 \end{bmatrix}, \ \overline{\boldsymbol{A}}_{22} = \begin{bmatrix} 0 & -2 & 0 \\ 0 & 0 & 1 \\ 0 & 4 & 0 \end{bmatrix}$$

$$\overline{\boldsymbol{B}}_1 = 0, \ \overline{\boldsymbol{B}}_2 = \begin{bmatrix} 1 \\ 0 \\ -1 \end{bmatrix}$$

选取观测器期望特征值

$$\lambda_{\text{o}1} = -3, \ \lambda_{\text{o}2,\text{o}3} = -3 \pm \text{j}2$$

观测器的对应期望特征多项式

$$\begin{aligned} \overline{\alpha}_{\text{o}}(s) &= (s+3)(s+3-\text{j}2)(s+3+\text{j}2) \\ &= s^3 + 9s^2 + 31s + 39 \end{aligned}$$

再按降维观测器的计算方法，则 3×1 的矩阵 $\overline{\boldsymbol{L}}$ 为

$$\overline{\boldsymbol{L}} = \begin{bmatrix} l_1 \\ l_2 \\ l_3 \end{bmatrix}$$

可以得到

$$\overline{\boldsymbol{A}}_{22} - \overline{\boldsymbol{L}}\overline{\boldsymbol{A}}_{12} = \begin{bmatrix} -l_1 & -2 & 0 \\ -l_2 & 0 & 1 \\ -l_3 & 4 & 0 \end{bmatrix} \tag{6-46}$$

和

$$\begin{aligned} \alpha_L(s) &= \det(s\boldsymbol{I} - \overline{\boldsymbol{A}}_{22} + \overline{\boldsymbol{L}}\overline{\boldsymbol{A}}_{12}) \\ &= s^3 + l_1 s^2 - (2l_2 + 4)s - (2l_3 + 4l_1) \end{aligned} \tag{6-47}$$

通过比较 $\alpha_L(s)$ 和 $\overline{\alpha}_{\text{o}}(s)$ 的同幂次项系数，可以导出：

$$\overline{\boldsymbol{L}} = \begin{bmatrix} 9 \\ -35/2 \\ -75/2 \end{bmatrix}$$

进而，由此并通过计算，得

$$\overline{\boldsymbol{A}}_{22} - \overline{\boldsymbol{L}}\boldsymbol{A}_{12} = \begin{bmatrix} -9 & -2 & 0 \\ 35/2 & 0 & 1 \\ 75/2 & 4 & 0 \end{bmatrix}$$

$$(\overline{A}_{22} - \overline{L}\overline{A}_{12})\overline{L} + (\overline{A}_{21} - \overline{L}\overline{A}_{11}) = (\overline{A}_{22} - \overline{L}\overline{A}_{12})\overline{L} = \begin{bmatrix} -46 \\ 120 \\ 535/2 \end{bmatrix}$$

$$\overline{B}_2 - \overline{L}\overline{B}_1 = \overline{B}_2 = \begin{bmatrix} 1 \\ 0 \\ -1 \end{bmatrix}$$

从而得出系统（式（6-43））的降维状态观测器

$$\dot{z} = \begin{bmatrix} -9 & -2 & 0 \\ 35/2 & 0 & 1 \\ 75/2 & 4 & 0 \end{bmatrix} z + \begin{bmatrix} -46 \\ 120 \\ 535/2 \end{bmatrix} y + \begin{bmatrix} 1 \\ 0 \\ -1 \end{bmatrix} u \tag{6-48}$$

和受控系统状态向量 x 的重构状态向量

$$\hat{x} = \begin{bmatrix} y \\ z + \overline{L}y \end{bmatrix} = \begin{bmatrix} 1 & 0 \\ \overline{L} & I_3 \end{bmatrix} \begin{bmatrix} y \\ z \end{bmatrix} = \begin{bmatrix} 1 & 0 & 0 & 0 \\ 9 & 1 & 0 & 0 \\ -17.5 & 0 & 1 & 0 \\ -37.5 & 0 & 0 & 1 \end{bmatrix} \begin{bmatrix} y \\ z_1 \\ z_2 \\ z_3 \end{bmatrix} \tag{6-49}$$

综合上述结果，可以得出基于重构状态向量 $\hat{x}$ 的控制律：

$$u = \begin{bmatrix} 2 & 5 & 16 & 10 \end{bmatrix} \hat{x} \tag{6-50}$$

在 MWORKS.Sysplorer 中搭建该系统，如图 6-18 所示。

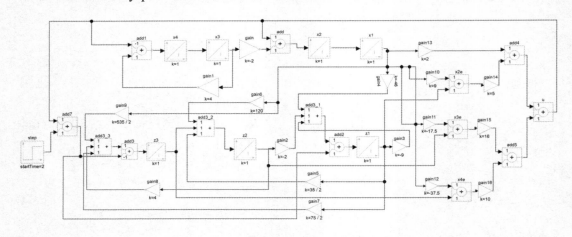

图 6-18　降维观测器 Sysplorer 图

首先设置仿真时长以及仿真步长，如图 6-19 所示

接下来仿真并得到仿真结果。x_1 是输出变量，可以直接进行测量，不需要估计，x_1 的响应曲线如图 6-20 所示。

上述分析对系统状态变量 x_3 和 x_4 设计了降维状态观测器，图 6-21、图 6-22 和图 6-23 分别展示了系统状态变量 x_2、x_3 和 x_4 真实值和估计值的响应曲线。从图中可以看出，系统状态向量的估计值可以实现对真实值的追踪。

图 6-19　仿真时长和仿真步长

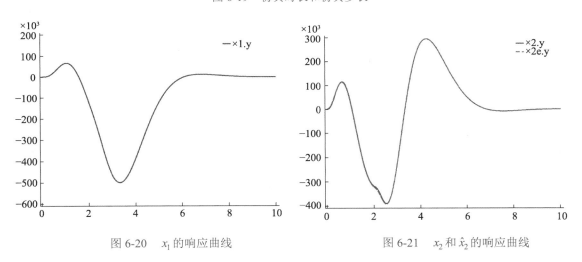

图 6-20　x_1 的响应曲线　　　　　　图 6-21　x_2 和 $\hat{x}_2$ 的响应曲线

控制器响应曲线如图 6-24 所示。

除了对控制器输入，控制器响应对观测器也施加了小幅度的阶跃响应扰动，阶跃信号曲线如图 6-25 所示。

综上分析可以看出，降维观测器也可以实现对系统状态向量的估计。此外，基于估计值设计的控制器可以实现对系统的控制。

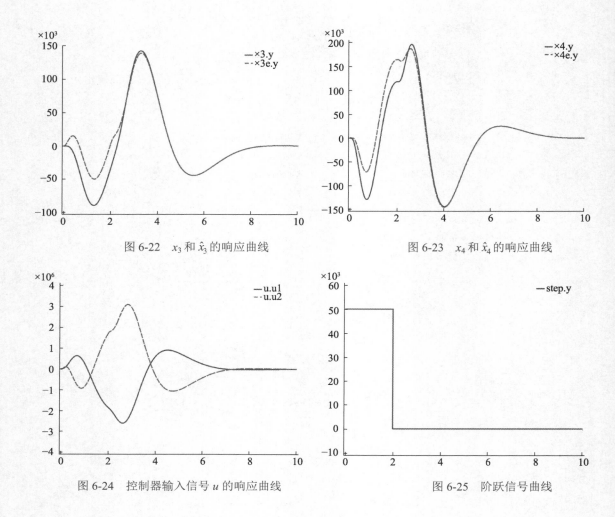

图 6-22　x_3 和 $\hat{x}_3$ 的响应曲线

图 6-23　x_4 和 $\hat{x}_4$ 的响应曲线

图 6-24　控制器输入信号 u 的响应曲线

图 6-25　阶跃信号曲线

本 章 小 结

　　本章深入探讨了状态空间控制理论的基础、系统的能控性和能观性，以及如何利用 MWORKS 来完成控制系统的状态空间分析。利用 MWORKS，可通过现代控制理论中的极点配置方法，来调整系统的动态性能。极点配置允许我们根据需求调整控制系统的响应时间，减小超调量或提高稳定性。最后，介绍了状态观测器的设计，状态观测器用于估计系统的状态变量，即使它们无法直接测量。

　　在本章中，既有状态空间的理论知识，还有 MWORKS 的操作和方法，用以设计出更强大、更灵活的控制系统。这些概念和工具将在后续章节中继续发挥关键作用，帮助我们解决复杂的控制问题。

习 题 6

　　6.1　控制系统结构图如图 6-26 所示，输入为 u，输出为 y，试求其状态空间表达式。

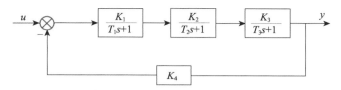

图 6-26 控制系统结构图

6.2 已知系统的系数矩阵 $A = \begin{bmatrix} 1 & 2 & 0 \\ 3 & -1 & 1 \\ 0 & 2 & 0 \end{bmatrix}$，$B = \begin{bmatrix} 2 \\ 1 \\ 1 \end{bmatrix}$，$C = \begin{bmatrix} 0 & 0 & 1 \end{bmatrix}$，$D = 0$，试判断其可控性；如果完全可控，将其转化为可控标准型。

6.3 已知系统动态方程为 $\begin{bmatrix} \dot{x}_1 \\ \dot{x}_2 \end{bmatrix} = \begin{bmatrix} 1 & -1 \\ 1 & 1 \end{bmatrix} \begin{bmatrix} x_1 \\ x_2 \end{bmatrix} + \begin{bmatrix} -1 \\ 1 \end{bmatrix} u$，$y = \begin{bmatrix} 1 & 1 \end{bmatrix} x$，试将系统的动态方程化为可观标准型，并求出其变换矩阵 T。

6.4 已知控制系统的系数矩阵 $A = \begin{bmatrix} 0 & 0 & 0 \\ 1 & -6 & 0 \\ 0 & 1 & -12 \end{bmatrix}$，$B = \begin{bmatrix} 1 \\ 0 \\ 0 \end{bmatrix}$，求系统的状态反馈矩阵 K，使系统的闭环特征值 $\lambda_1 = -2$，$\lambda_{2,3} = -1 \pm j$。

6.5 系统结构图如图 6-27 所示，其中，u 为系统输入信号，y 为系统输出信号，x_1、x_2、x_3 为系统状态变量，a、b、c 为常数。

（1）根据图中指定的状态变量建立系统的动态方程。

（2）若 $x_1(0) = x_2(0) = x_3(0) = 0$，$a = c = 1$，$b = 2$，绘制当 $u(t) = 1$ 时，系统的输出响应曲线。

（3）设计该系统的全维状态观测器，观测器的极点配置在 -5、-5、-5。

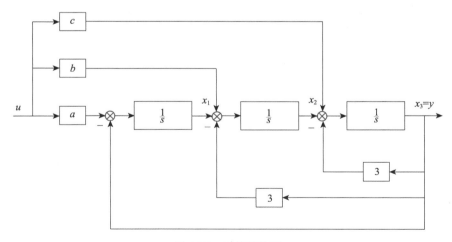

图 6-27 系统结构图

第 7 章
应用实例

　　本章将深入探讨 MWORKS 在实际科研中的应用，重点关注稳定性分析和参数优化等关键方面。这些应用不仅有助于改进工程设计的可行性和效率，还提供了深入理解复杂系统行为的机会。

　　通过本章的介绍，读者将获得有关如何利用 MWORKS 工具来解决实际科研问题的真知灼见，本章将展示 MWORKS 在科学研究中的强大潜力，以推动创新和解决现实问题。

通过本章学习，读者可以了解（或掌握）：

❖ 基于 MWORKS 的控制系统建模与仿真的实际应用案例；
❖ 使用 MWORKS 进行系统稳定性分析，以评估系统在不同条件下的行为和稳定性；
❖ 运用 MWORKS 工具进行参数优化，以改进系统性能、降低成本或满足特定要求。

7.1 齿轮副的动力学仿真 ////////////////

本节将推导考虑齿轮间隙情况下的齿轮动力学并根据所给数据进行仿真分析。

7.1.1 问题描述

齿轮传动系统是各类机械系统和机械装备的主要传动系统，齿轮系统振动特性直接影响机械系统和机械装备的性能和工作可靠性。因此，长期以来人们对齿轮系统的振动特性进行了大量的理论分析和试验研究，取得了许多重要的研究成果。早期人们对齿轮系统的研究主要是建立在线性振动分析理论基础上的。

齿轮系统振动问题主要包含啮合刚度和齿侧间隙两方面的非线性因素，非线性振动问题的研究主要在三个方面展开：仅考虑轮齿啮合刚度的时变性，齿轮系统的弹性系数周期性变化时，系统将发生参数振动；仅考虑齿侧间隙非线性；同时考虑轮齿啮合刚度和齿侧间隙两方面的非线性因素。

这三方面的研究形成了目前齿轮系统非线性振动问题研究的主体。迄今为止，人们已经提出了许多形式的齿轮系统分析模型。根据模型中对啮合过程所涉及的不同非线性因素，模型可以有 4 种形式。

（1）线性时不变模型（Linear Time-Invariant Models，LTIM）：这类模型不考虑轮齿啮合刚度时变性、齿侧间隙和啮合误差等非线性因素，目前仍在计算齿轮系统固有频率时得到应用。

（2）线性时变模型（Linear Time-Varying Models，LTVM）：这类模型仅考虑系统中时变的刚度，如轮齿啮合刚度和滚动轴承支承刚度的时变特性。

（3）非线性时不变模型（Nonlinear Time-Invariant Models，NTIM）：这类模型仅考虑系统中间隙非线性，而不考虑轮齿啮合刚度时变性，间隙可以是齿侧间隙或滚动轴承间隙。

（4）非线性时变模型（Nonlinear Time-Varying Models，NTVM）：这类模型同时考虑啮合刚度和齿侧间隙等时变因素和间隙线性因素等。

另一方面，根据模型的自由度数，分析模型又可以有多种形式：（1）仅含有一对齿轮副的单自由度模型，这是最简单的分析模型，主要用来研究齿轮副的扭转振动；（2）单对齿轮副的多自由度模型，这类模型考虑的齿轮副一般具有较为复杂的啮合过程，常用来研究一对齿轮副的弯、扭、摆等的耦合振动；（3）不考虑传动轴和轴承的多对齿轮副啮合的多自由度模型，这类模型主要研究在传动轴和轴承刚度较大时多对齿轮副传动系统的振动特性，如齿轮系统的间隙非线性振动和变速箱传动中齿轮的拍击（gear rattle）问题等。（4）考虑箱体、传动轴、轴承和多对齿轮副的多自由度模型。这类模型主要用于对齿轮传动装置（包括传动系统和结构系统）的振动和噪声特性进行较为全面的研究，特别是在航空器机械动力传输系统的研究中应用较为广泛。

7.1.2 数学模型

根据振动系统传动特点，一对直齿圆柱齿轮的扭振物理模型可以简化为如图 7-1 所示的单自由度直齿轮副模型。

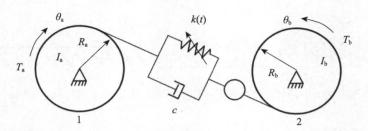

图 7-1　单自由度直齿轮副模型

图 7-1 中 1 为主动轮，2 为从动轮，参数物理意义如表 7-1 所示。

表 7-1　参数物理意义对应表

参数	物理意义	参数	物理意义
I_a	主动轮的转动惯量	b	齿轮间隙之半
I_b	从动轮的转动惯量	c	齿轮啮合的粘性阻尼系数
θ_a	主动轮的角位移	m	齿轮副的等效质量
θ_b	从动轮的角位移	$\overline{F}$	齿轮副传递的平均力
R_a	主动轮的基圆半径	μ	阻尼比
R_b	从动轮的基圆半径	f_0	激励幅值
T_a	主动轮所受扭矩	$\overline{x}$	动态传递误差
T_b	从动轮所受扭矩	ω	啮合频率
$k(t)$	啮合刚度	$\varepsilon_i(i=1,2,\cdots,n)$	时变刚度系数
k	刚度系数	$f_i(i=1,2,\cdots,n)$	静态传递误差系数

根据振动理论，齿轮副动力学方程可以写成

$$M\ddot{x} + C\dot{x} + k(t)x = F(t) \tag{7-1}$$

式中，M 为齿轮当量质量，$M = m_1 m_2 / (m_1 + m_2)$；$x$ 为啮合线上齿轮相对位移；C 为齿轮啮合阻尼；$k(t)$ 为齿轮啮合刚度；$F(t)$ 为齿轮副传递的力，包含齿表故障缺陷产生的动态激励，受轮齿啮合刚度、传动误差和齿面摩擦力方向等因素影响。如果忽略齿轮之间的摩擦不计，式（7-1）可以写成

$$M\ddot{x} + C\dot{x} + k(t)x = k(t)E_1 + k(t)E_2(t) \tag{7-2}$$

式中，E_1 为齿轮在载荷作用下的平均静弹性变形；$E_2(t)$ 为齿轮故障函数，表示齿轮的误差和故障造成的两个齿轮间的相对位移，由两部分组成，一部分为啮合误差，另一部分为旋转误差，可以写为

$$E_2(t) = A\sin(\omega_r t) + \sum_{n=1}^{\infty} B_n(n\omega_k t + \varphi_n) \tag{7-3}$$

式中，A 为齿轮旋转误差的幅值；B_n 为齿轮啮合误差的幅值；φ_n 为齿轮啮合误差相位；ω_r 为齿轮旋转角速度；ω_k 为齿轮啮合角速度。

齿轮啮合刚度 $k(t)$ 的变化是齿轮系统振动的重要激振源之一，它是一个周期性的变量，随着齿轮啮合点位置和参加啮合的齿数的变化而变化。设 $t=0$ 时齿轮副处于双啮合状态，将 $k(t)$ 展开为傅里叶级数：

$$k(t) = k_0 + \sum_{k=1}^{\infty} C_k \cos(n\omega_k t + \varphi_n') \tag{7-4}$$

式中，C_k 为齿轮啮合刚度谐波幅值；φ_n' 为齿轮啮合刚度谐波相位。

将上述推导进行简化后得到以下公式：

$$I_a \frac{\mathrm{d}^2\theta_a}{\mathrm{d}t^2} + c\left(R_a \cdot \frac{\mathrm{d}\theta_a}{\mathrm{d}t} - R_b \cdot \frac{\mathrm{d}\theta_b}{\mathrm{d}t}\right) \cdot R_a + R_a K(\overline{t}) f(R_a\theta_a - R_b\theta_b) = T_a \tag{7-5}$$

$$I_b \frac{\mathrm{d}^2\theta_b}{\mathrm{d}t^2} - c\left(R_a \cdot \frac{\mathrm{d}\theta_a}{\mathrm{d}t} - R_b \cdot \frac{\mathrm{d}\theta_b}{\mathrm{d}t}\right) \cdot R_b - R_b K(\overline{t}) f(R_a\theta_a - R_b\theta_b) = -T_b \tag{7-6}$$

引入新变量（动态传递误差）$\overline{x} = R_a\theta_a - R_b\theta_b$，得到

$$m \frac{\mathrm{d}^2\overline{x}}{\mathrm{d}t^2} + c \frac{\mathrm{d}\overline{x}}{\mathrm{d}t} + k(1 + 2\varepsilon\cos\omega t) f(\overline{x}) = \overline{F} \tag{7-7}$$

式中，$m = \dfrac{I_a I_b}{I_b R_a^2 + I_a R_b^2}$ 为等效质量；$f(\overline{x}) = \begin{cases} \overline{x} - b, & \overline{x} > b \\ 0, & -b < \overline{x} \leqslant b \\ \overline{x} + b, & \overline{x} \leqslant -b \end{cases}$ 为间隙函数；$\overline{F} = \dfrac{T_a}{R_a} = \dfrac{T_b}{R_b}$ 为

传递的载荷；$k(\overline{t}) = k(1 + 2\varepsilon\cos\omega\overline{t})$ 为时变刚度；$2b$ 为齿轮间隙长度。

经过无量纲处理之后，得到

$$\frac{\mathrm{d}^2x}{\mathrm{d}t^2} + 2\varepsilon\mu \frac{\mathrm{d}x}{\mathrm{d}t} + (1 + 2\varepsilon\cos\Omega t) f(x) = f_0 \tag{7-8}$$

根据式（7-8）可推导齿轮副系统的状态方程如下，其中 $x_1 = x$。

$$\begin{cases} \dot{x}_1 = x_2 \\ \dot{x}_2 = f_0 - 2\varepsilon\mu x_2 - (1 + 2\varepsilon\cos\Omega t) f(x_1) \end{cases} \tag{7-9}$$

式中，$f(x) = \begin{cases} x - 1, & x > 1 \\ 0, & -1 < x \leqslant 1 \\ x + 1, & x \leqslant -1 \end{cases}$，$f_0 = 10$，$\varepsilon = 0.05$，$\mu = 0.5$。

据此可以绘制出系统框图，并根据系统框图在 MWORKS 中进行仿真分析。

7.1.3　仿真分析

本试验将会用到阈值等模块，并且设计模块的封装，实验主要分为两部分，搭建非线性函数 $f(x)$ 和整体系统模型。首先我们在 MWORKS 中新建模型，类别选择 package，如图 7-2 所示，并在基类中选择 Modelica->Icons->ExamplesPackage，如图 7-3 所示。

图 7-2　新建模型

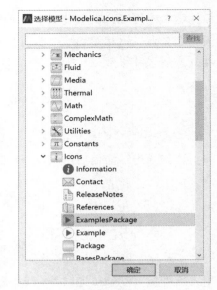

图 7-3　选择模型类型

再次单击"快速新建",选择 model,命名为 plant 并插入刚建立的模型,如图 7-4 所示。在 plant 中我们将搭建非线性函数 $f(x_1)$ 。

图 7-4　插入模型

以类似建立 plant 的过程建立 GearSystem 模型文件,此时模型浏览器界面如图 7-5 所示。

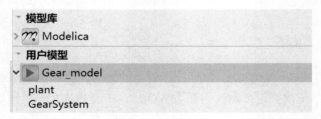

图 7-5　模型浏览器界面

打开 plant，在模型库中找到 RealInput 输入模块，如图 7-6 所示。

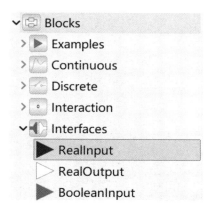

图 7-6　RealInput 输入模块

在模型库中找到 GreaterEqualThreshold 模块（Blocks.Logical 中）和 Constant 模块（Blocks.Sources 中），将 GreaterEqualThreshold 模块的参数改为 1，将 Constant 模块的值改为–1，阈值和常数模块设置如图 7-7 所示，系统增加阈值后的结构图如图 7-8 所示。

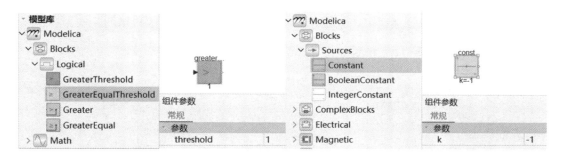

图 7-7　阈值和常数模块

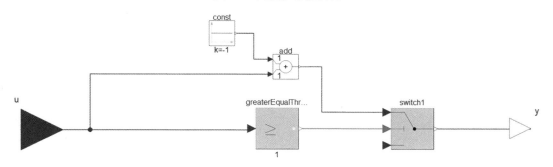

图 7-8　系统增加阈值后的结构图

以同样的方式搭建剩余部分，注意参数的设置。至此，$f(x)$ 部分搭建完成，单击之前新建的 GearSystem，搭建齿轮副整体的仿真模型，如图 7-9 所示。

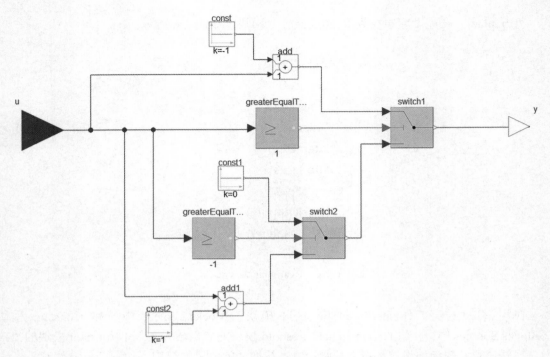

图 7-9 齿轮副整体的仿真模型

在 GearSystem 中搭建模型,如图 7-10 所示,其中两个传递函数相同,均为 $\dfrac{1}{s}$,参数设置和系统输入设置如图 7-11 和图 7-12 所示。

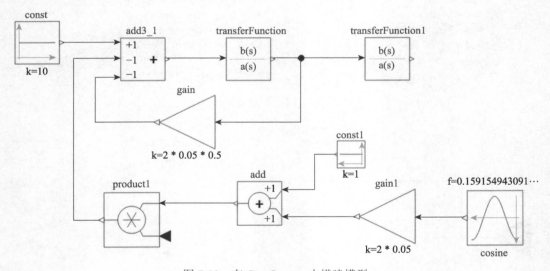

图 7-10 在 GearSystem 中搭建模型

参数		
b	{1}	
a	{1, 0}	

图 7-11 参数设置

参数		
offset	0	
startTime	0	s
amplitude	1	
f	1	rad/s
phase	0	deg

图 7-12　系统输入设置

拖动 plant 到界面中即可调用刚搭建好的 $f(x)$ 模块，最终模型如图 7-13 所示。

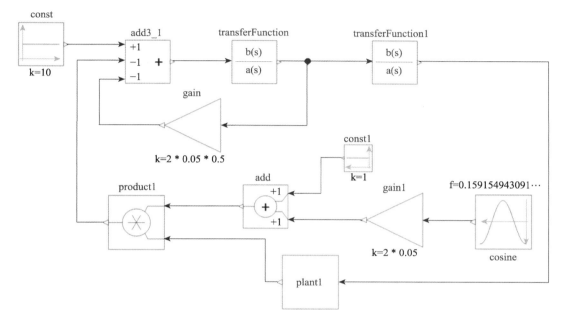

图 7-13　最终模型

接下来进行仿真，仿真设置和经过 transferFunction1 模块后的系统输出 x 的值如图 7-14 和图 7-15 所示。

图 7-14　仿真设置

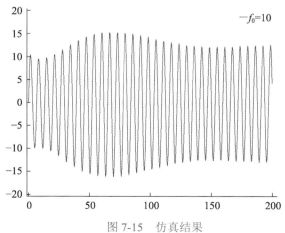

图 7-15　仿真结果

改变不同的 f_0 可以得到不同曲线，其中，f_0 对应 const 模块参数。图 7-16 所示为 $f_0 =$ 8、9、10 时的位移输出曲线，图 7-17 所示为 $f_0 = 0.9$、0.8、0.7 时的位移输出曲线。

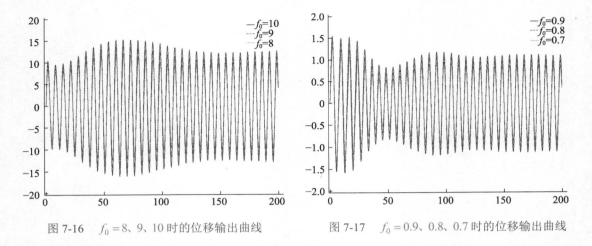

图 7-16 $f_0 = 8$、9、10 时的位移输出曲线　　　　图 7-17 $f_0 = 0.9$、0.8、0.7 时的位移输出曲线

【问题】思考：为什么激励幅值较大时，输出位移幅值先变大后变小，当激励幅值较小时，输出幅值先变小再变大？试着推导考虑静态传递误差的齿轮副模型并进行仿真。考虑静态传递误差的齿轮副模型如图 7-18 所示。

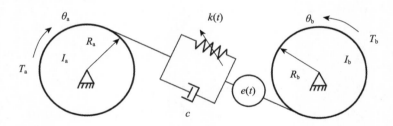

图 7-18　考虑静态传递误差的齿轮副模型

7.2　四通阀控制液压缸

7.2.1　问题描述

阀控动力机构又称节流控制动力机构，分为阀控液压缸和阀控液压马达，阀控动力机构是靠伺服阀控制从液压源输入执行元件的流量，来改变执行元件的输出速度。在阀控动力机构中，油源压力通常是恒定的。泵控动力机构也称容积控制机构，分为泵控液压缸和泵控液压马达，泵控动力机构是靠改变伺服变量泵的排量来控制输入执行元件的流量，并进一步改变执行元件的输出速度，其工作容腔的压力取决于外负载。

四通阀控制液压缸原理图如图 7-19 所示，四通阀控制液压缸由零开口四边滑阀和对称液压缸组成，是最常用的一种液压动力元件。

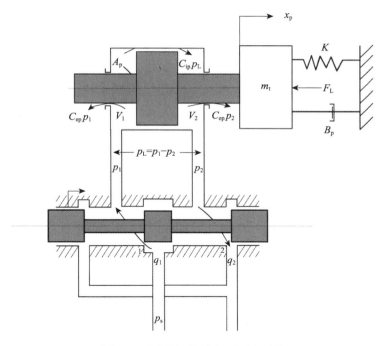

图 7-19　四通阀控制液压缸原理图

7.2.2　数学模型

为了推导出液压动力元件的传递函数，首先要列出各元件的基本方程，分别是液压控制阀的流量方程、液压缸流量连续性方程、液压缸和负载的力平衡方程。

1. 液压控制阀的流量方程

假设阀是零开口四边滑阀，四个节流窗口是匹配和对称的，供油压力 p 恒定，回油压力 p_0 为零。位置伺服系统动态分析经常是在零位工作条件下进行的，此时阀的线性化流量方程为

$$q_L = K_q x_v - K_c p_L \qquad (7\text{-}10)$$

若不考虑泄漏和油液压缩性的影响，对于匹配和对称的零开口四边滑阀来说，两个控制通道的流量 q_1 和 q_2 均等于负载流量 q_L。但受到液压缸外泄漏和压缩性的影响，流入液压缸的流量 q_1 和流出液压缸的流量 q_2 不相等。为了简化分析，定义负载流量

$$q_L = \frac{q_1 + q_2}{2} \qquad (7\text{-}11)$$

2. 液压缸的流量连续性方程

假设：第一，阀与液压缸的连接管道对称并且短而粗，管道中的压力损失和管道动态可以忽略；第二，液压缸每个工作腔内各处压力相等，油温和体积弹性模量为常数；第三，液

压缸内外泄漏均为层流流动。则流入液压缸进油腔的流量

$$q_1 = A_p \frac{\mathrm{d}x_p}{\mathrm{d}t} + C_{ip}(p_1 - p_2) + C_{ep}p_1 + \frac{V_1}{\beta_e}\frac{\mathrm{d}p_1}{\mathrm{d}t} \tag{7-12}$$

从液压缸回油腔流出的流量

$$q_2 = A_p \frac{\mathrm{d}x_p}{\mathrm{d}t} + C_{ip}(p_1 - p_2) - C_{ep}p_2 - \frac{V_2}{\beta_e}\frac{\mathrm{d}p_2}{\mathrm{d}t} \tag{7-13}$$

式中，A_p 为液压缸活塞有效面积，单位为 m^2；x_p 为活塞位移，单位为 m；C_{ip} 为液压缸内泄漏系数，单位为 $\mathrm{m}^3/(\mathrm{s}\cdot\mathrm{Pa})$；$C_{ep}$ 为液压缸外泄漏系数，单位为 $\mathrm{m}^3/(\mathrm{s}\cdot\mathrm{Pa})$；$\beta_e$ 为有效体积弹性模量（包括油液、连接管道和缸体的机械柔度），单位为 Pa；V_1 为液压缸进油腔的容积（包括阀、连接管道和进油腔），单位为 m^3；V_2 为液压缸回油腔的容积（包括阀、连接管道和回油腔），单位为 m^3。

等号右边第一项是推动活塞运动所需的流量，第二项是经过活塞密封的内泄漏流量，第三项是经过活塞杆密封处的外泄漏流量，第四项是油液压缩和腔体变形所需的流量。

可得

$$
\begin{aligned}
q_L &= \frac{q_1 + q_2}{2} \\
&= A_p \frac{\mathrm{d}x_p}{\mathrm{d}t} + C_{ip}(p_1 - p_2) + \frac{C_{ep}}{2}(p_1 - p_2) + \frac{1}{2}\left(\frac{V_1}{\beta_e}\frac{\mathrm{d}p_1}{\mathrm{d}t} - \frac{V_2}{\beta_e}\frac{\mathrm{d}p_2}{\mathrm{d}t}\right) \\
&= A_p \frac{\mathrm{d}x_p}{\mathrm{d}t} + \left(C_{ip} + \frac{C_{ep}}{2}\right)p_L + \frac{1}{2\beta_e}\left(V_1\frac{\mathrm{d}p_1}{\mathrm{d}t} - V_2\frac{\mathrm{d}p_2}{\mathrm{d}t}\right)
\end{aligned} \tag{7-14}
$$

用总泄漏系数 $C_{tp} = C_{ip} + \dfrac{C_{ep}}{2}$ 反映液压缸泄漏对负载流量的影响。取 $V_1 = V_2$（活塞处于液压缸正中间时）进行分析，此时系统稳定性最差。液压缸工作腔的容积可写为 $V_1 = V_2 = \dfrac{V_t}{2}$，$V_t$ 为液压缸的总容积。式（7-14）可写成

$$q_L = A_p \frac{\mathrm{d}x_p}{\mathrm{d}t} + C_{tp}p_L + \frac{V_t}{4\beta_e}\frac{\mathrm{d}(p_1 - p_2)}{\mathrm{d}t} \tag{7-15}$$

零开口四边阀控液压缸的流量连续性方程可写成

$$q_L = A_p \frac{\mathrm{d}x_p}{\mathrm{d}t} + C_{tp}p_L + \frac{V_t}{4\beta_e}\frac{\mathrm{d}p_t}{\mathrm{d}t} \tag{7-16}$$

式（7-16）是液压动力元件流量连续性方程的常用形式。式中，等式右侧第一项是推动液压缸活塞运动所需的流量，第二项是总泄漏流量，第三项是总压缩流量。

3. 液压缸和负载的力平衡方程

液压动力元件的动态特性受负载特性的影响。负载力一般包括惯性力、黏性阻尼力、弹性力和外负载力。

液压缸的输出力与负载力的平衡方程为

$$A_p p_L = m_t \frac{\mathrm{d}^2 x_p}{\mathrm{d}t^2} + B_p \frac{\mathrm{d}x_p}{\mathrm{d}t} + K x_p + F_L \tag{7-17}$$

式中，m_t 为活塞及负载折算到活塞上的总质量，单位为 kg；B_p 为活塞及负载的黏性阻尼系数，单位为 N/(m·s^{-1})；K 为负载弹簧刚度，单位为 N/m；F_L 为作用在活塞上的任意外负载力，单位为 N。

式（7-10）、式（7-16）和式（7-17）是阀控液压缸的三个基本方程，它们完全描述了阀控液压缸的动态特性。其拉普拉斯变换式为

$$Q_L = K_q X_V - K_c P_L \tag{7-18}$$

$$Q_L = A_p s X_p + C_{tp} P_L + \frac{V_t}{4\beta_e} s P_L \tag{7-19}$$

$$A_p P_L = m_t s^2 X_p + B_p s X_p + K X_p + F_L \tag{7-20}$$

由式（7-18）与式（7-19）可以画出阀控液压缸的方框图，如图 7-20 所示。其中，图 7-20（a）是由负载流量获得液压缸活塞位移的方框图，图 7-20（b）是由负载压力获得液压缸活塞位移的方框图，这两个方框图是等效的。

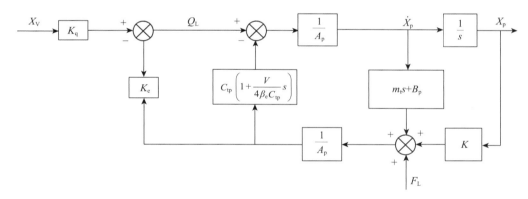

（a）由负载流量获得液压缸活塞位移的方框图

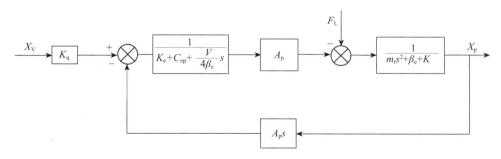

（b）由负载压力获得液压缸活塞位移的方框图

图 7-20　阀控液压缸的方框图

以上方框图可用于模拟计算。从负载流量获得的方框图适合于负载惯量较小、动态过程较快的场合。从负载压力获得的方框图特别适合于负载惯量和泄漏系数都较大，而动态过程比较缓慢的场合。

消去中间变量 Q_L 和 P_L 或通过方框图变换，都可以求得阀芯输入位移 X_V 和外负载力 F，同时作用时液压缸活塞的总输出位移为

$$X_p = \frac{\dfrac{K_q}{A_p} X_V - \dfrac{K_{ce}}{A_p^2}\left(1 + \dfrac{V_t}{4\beta_e A_p^2} s\right) F_L}{\dfrac{m_t V_t}{4\beta_e A_p^2} s^3 + \left(\dfrac{m_t K}{A_p^2} + \dfrac{B_p V_t}{4\beta_e A_p^2}\right) s^2 + \left(\dfrac{B_p K_{ce}}{A_p^2} + \dfrac{K V_t}{4\beta_e A_p^2} + 1\right) s + \dfrac{K K_{ce}}{A_p^2}} \tag{7-21}$$

式中，K_{ce} 为总流量–压力系数，$K_{ce} = K_e + C_{ep}$。式（7-21）是流量连续性方程的另一种表现形式。

7.2.3 仿真分析

使用图 7-20（b）的方框图进行建模，其中仿真计算所用参数如表 7-2 所示。

表 7-2　仿真计算所用参数

名称	标称值	名称	标称值
负载质量（m_t）	40 kg	油液弹性模量（β_e）	$8 \times 10^8\,\mathrm{N/m^2}$
总流量压力系数（K_{ce}）	$1.5 \times 10^{-12}\,\mathrm{m^3/(s \cdot Pa)}$	液压缸面积（A_p）	$2.5 \times 10^{-3}\,\mathrm{m^2}$
阀流量增益（K_q）	$2\,\mathrm{m^2/s}$	液压缸容腔总体积（V_t）	$0.5 \times 10^{-3}\,\mathrm{m^3}$
负载弹性系数（K）	$10^5\,\mathrm{N/m}$	黏性阻尼系数（B_p）	$0\,\mathrm{N/(m \cdot s^{-1})}$

选择 MWORKS.Sysplorer 进行图形化建模，文件命名为 "Cylinder"，如图 7-21 所示。

图 7-21　图形化建模

根据图 7-20（b）中的公式和参数计算得到"transFunction1"的参数，如图 7-22 所示。

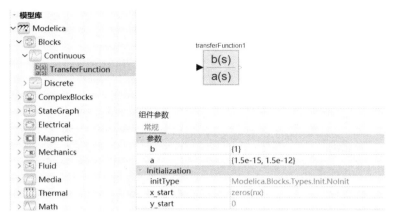

图 7-22 "transFunction1"的参数设置

同样计算得到"transFunction2"的参数，如图 7-23 所示。

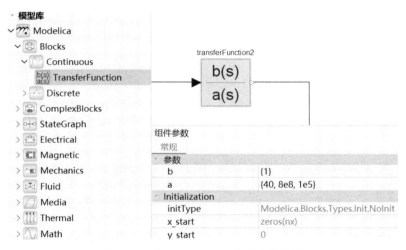

图 7-23 "transFunction2"的参数设置

最终构建的模型如图 7-24 所示：

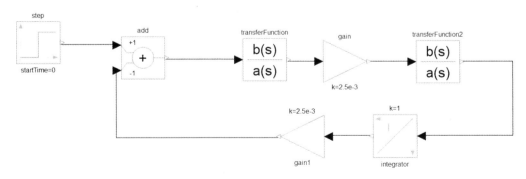

图 7-24 系统仿真模型

在"仿真设置"选项中，可以设置仿真的终止时间、步长等参数，如图 7-25 所示。

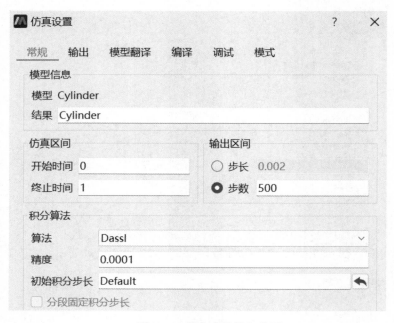

图 7-25　"仿真设置"界面

最后运行仿真，可以观测得到，系统输出位移呈一次函数，速度保持在 2m/s，符合液压缸的预期输出曲线，如图 7-26 所示。

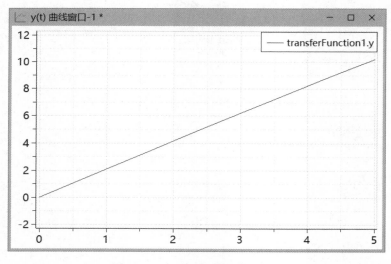

图 7-26　液压缸的预期输出曲线

【问题】是否还有其他方法求取系统的输出曲线？与本案例的方法相比，其他方法又有何优缺点？

7.3 泵控液压马达

7.3.1 问题简述

液压传动具有功重比大、平稳性好、响应速度快、连接柔性等优点，被广泛应用于工业、农业、国防等领域，已经发展成为科学技术现代化进程中一项不可替代的基础技术。近年来，液压元件的稳定性及工作效率均有了大幅度提高，这得益于生产制造工艺与液压控制技术的不断发展。目前，负载敏感控制、容积调速技术及二次调节负载传感控制等新型液压控制系统已广泛应用于农业机械、石化、军事装备、工业生产自动化等领域。

容积调速技术由液压泵、液压马达、管路、控制方式组成，静液系统采用闭式油路，用来在发动机与驱动轮之间传递动力。泵控马达系统作为一种典型的容积调速系统，其液压泵和液压马达通过流量进行耦合。当静液系统负载的功率变化时，需调节变量机构控制液压泵的排量来与负载的功率匹配。与传统的节流调速系统相比，泵输出的流量和静液系统本身所需要的流量相匹配，故泵控马达系统溢流及节流损失较小，油源利用率及工作效率较高。

泵控马达主要分为三种，分别是变量泵–定量马达系统、定量泵–变量马达系统、变量泵–变量马达系统。本节着重讲述有关变量泵–定量马达系统的建模。变量泵是指排量可变的泵，定量马达是指马达工作的时候每转的理论输出排量不变，相比变量马达具有噪音小、耗能少、效率高、适于多种液压介质的优点。变量泵–定量马达系统原理图如图 7-27 所示。变量泵–定量马达系统通过调整变量泵 1 的排量即可控制定量马达 7 的转速。当马达正方向旋转时进油管是指泵的出口与定量马达进口之间的管路，外负载直接影响液压系统的压力，回油管是指定量马达出口与变量泵进口间的管道；当马达反方向旋转时，管道的压力也会随之发生变化。在系统工作时，主泵 1 和马达 7 不可避免地会泄油，补油泵 2 使油液流经单向阀 5，对低压油管进行补油，从而弥补所泄漏的油量，避免产生气穴或液压系统内有少量外部空气混进；同时，补油泵也承担散热的职能。另外，溢流阀 3 通过对补油压力进行调节来确保它的值。当出现压力冲击的情况时，液压元件有可能会因此损坏，缩短使用寿命，为了防止这种情况的发生，需安装两个安全阀 4；为降低系统温度，安装冲洗阀 6。

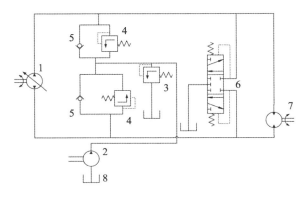

图 7-27　变量泵–定量马达系统原理图

1—变量泵；2—补油泵；3—溢流阀；4—安全阀；5—单向阀；6—冲洗阀；7—定量马达；8—油箱

当忽略负载的变化时，变量泵排量增加，则马达输出功率会随之增加，同时马达的转速与变量泵排量的变化呈正比，但是泵排量变化时，马达输出扭矩保持不变，故此回路为恒扭矩调速回路。

7.3.2 数学模型

变量泵–定量马达液压容积调速系统的原理如图 7-28 所示。在变量泵的输入转速 n_p 和马达的排量 D_m 一定的情况下，通过改变变量泵的排量 D_p 达到调节马达转速 n_m 的目的。

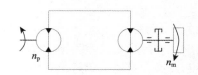

图 7-28 变量泵–定量马达液压容积调速系统的原理示意图

为简化分析，我们假设泵与马达的泄漏流动为层流流动，壳体回油压力为零，忽略管道内的压力损失和低压腔向壳体内的泄漏；两根管道完全相同，泵、马达与管道组成的两个腔室的总容积相等，每个腔室内油液的温度和体积弹性模量为常数，压力都均匀相等；补油系统的工作无滞后，补油压力为常数，工作中低压腔压力等于补油压力，仅高压腔发生变化；马达和负载之间连接构件的刚度很大，忽略结构柔度的影响；连接管道的较短流体质量效应和管道动态忽略不计。

泵控液压马达系统的原理框图如图 7-29 所示。

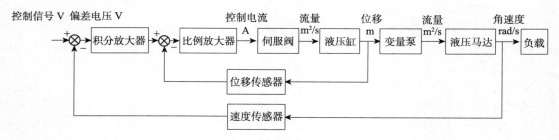

图 7-29 泵控液压马达系统的原理框图

对高压腔应用连续性方程，得

$$n_p D_p - C_{ip}(P_1 - P_2) - C_{ep}P_1 - C_{im}(P_1 - P_2) - C_{em}P_1 = D_m \frac{d\theta_m}{dt} + \frac{V_0}{\beta_e}\frac{dp_1}{dt} \tag{7-22}$$

式中，n_p 为泵的转速，单位为 rad/s；D_p 为变量泵的排量，单位为 m³/rad；D_m 为马达的排量，单位为 m³/rad；θ_m 为液压马达轴转角，单位为 rad；V_0 为一个腔室的容积（包括一根主管道、泵、马达的一腔及其与主管道相连的容积，单位为 m³）；P_1 为进油腔压力（负载压力），单位为 Pa；P_2 为补油压力，单位为 Pa；C_{ip} 为泵的内部泄漏系数，单位为 m³/(s·Pa)；C_{im} 为液压马达的内部泄漏系数，单位为 m³/(s·Pa)；C_{ep} 为泵的外部泄漏系数，单位为 m³/(s·Pa)；C_{em} 为液压马达的外部泄漏系数，单位为 m³/(s·Pa)；β_e 为有效体积弹性模量（包括油及管道机械柔度等），单位为 Pa。

泵的排量：

$$D_p = \alpha K_p$$

式中，α 为液压泵变量机构的摆角，单位为 rad；K_p 为泵的排量梯度，单位为 m^3/rad。

经拉普拉斯变换后，可得

$$n_p \alpha K_p = D_m s \theta_m + C_t P_1 + \frac{V_0}{\beta_e} s P_1 \tag{7-23}$$

式中，C_t 为液压马达的总泄漏系数，单位为 $m^3/s/Pa$。

马达和负载的力矩平衡方程为

$$P_1 D_m = J s \theta_m + B s \theta_m + G \theta_m + T_L s \tag{7-24}$$

整理以上三个公式，可以得出泵控马达的传递函数：

$$\Phi(s) = \frac{\dfrac{K_P n_p}{D_m}\alpha - \dfrac{C_1}{D_m^2}\left(\dfrac{V_0}{\beta_e C_t} s + 1\right) T_L}{\dfrac{V_0 J}{\beta_e D_m^2} s^3 + \left[\dfrac{J C_t}{D_m^2} + \dfrac{B_m V_0}{\beta_e D_m^2}\right] s^2 + \left[1 + \dfrac{B_m C_t}{D_m^2} + \dfrac{V_0 G}{\beta_e D_m^2}\right] s + \dfrac{G C_t}{D_m^2}} \tag{7-25}$$

设负载的扭转弹性刚度 $G = 0$，则式（7-25）可以简化为

$$\Phi(s) = \frac{\dfrac{K_P n_p}{D_m}\alpha - \dfrac{C_1}{D_m^2}\left(\dfrac{V_0}{\beta_e C_t} s + 1\right) T_L}{s\left(\dfrac{s^2}{\omega_h^2} + 2\dfrac{\xi}{\omega_h} + 1\right)} \tag{7-26}$$

式中，$\omega_h = \sqrt{\dfrac{K_h}{m}} = \sqrt{\dfrac{\beta_e D_m^2}{V_0 J}}$ 为液压马达的固有频率，单位为 rad/s；$\xi = \dfrac{C_t}{2D_m}\sqrt{\dfrac{\beta_e J}{V_0}} +$

$\dfrac{B_m}{2D_m}\sqrt{\dfrac{V_0}{J\beta_e}}$ 为液压马达的阻尼比。

此时阀芯位移对马达输出转角的传递函数为

$$\frac{\theta_m}{\alpha} = \frac{\dfrac{k_p n_p}{D_m}}{s\left(\dfrac{s^2}{\omega_h^2} + 2\dfrac{\xi}{\omega_h} + 1\right)} \tag{7-27}$$

设负载的扭转弹性刚度 $G \neq 0$，$\dfrac{B_m C_t}{D_m^2} \ll 1$，可得

$$G(s) = \frac{\dfrac{k_p n_p}{D_m}\alpha - \dfrac{C_t}{D_m^2}\left(1 + \dfrac{s}{\omega_1}\right) T_L}{\omega_2\left(1 + \dfrac{s}{\omega_1}\right)\left(\dfrac{s^2}{\omega_h^2} + 2\dfrac{\xi}{\omega_h} + 1\right)} \tag{7-28}$$

式中，$\omega_1 = \dfrac{4\beta_e C_t}{V_m}$ 为液压弹簧刚度与液压阻尼之比；$\omega_2 = \dfrac{GC_t}{D_m^2}$ 为液压马达的阻尼比。

泵控马达系统参数如表 7-3 所示。

表 7-3　泵控马达系统参数

名称	符号	数值	单位
负载质量	m_t	7.76	kg
液压缸面积	A	877	mm^2
泵缸体摆角	α	$-7\sim7$	°
负载转动惯量	J	5	kg·m^2
液压油的弹性模量	E	1.4×10^9	Pa
液压体积弹性模量	β_e	7×10^8	Pa
泵体转动半径	L	400	mm
泵与马达的有效容积	V_0	357×10^{-6}	m^3
马达排量	D_m	1.7×10^{-6}	m^3/rad
流量系数	C_d	0.62	
控制马达阀的流量压力系数	K_c	8.33×10^{-12}	m^3/(s·Pa)
总泄漏系数	C_m	2.67×10^{-12}	m^3/(s·Pa)

当液压缸的液压执行机构的固有频率高于 50 rad/s 时，可用二阶振荡环节表示，即

$$W_{sv}(s) = \frac{X_v(s)}{I(s)} = \frac{K_{sv}}{\dfrac{s^2}{\omega_{mf}} + \dfrac{2\xi_{mf}}{\omega_{mf}}s + 1} = \frac{K_{sv}}{\dfrac{s^2}{\omega_{sv}} + \dfrac{2\xi_{sv}}{\omega_{sv}}s + 1} \tag{7-29}$$

式中，ω_{sv} 为电液伺服阀的固有频率，单位为 rad/s；ξ_{sv} 为电液伺服阀的阻尼系数。

泵控液压马达的传递函数为

$$\frac{\theta_m}{Y(s)} = \frac{\dfrac{K_p n_p}{D_m l}}{\dfrac{s^2}{\omega_m^2} + \dfrac{2\xi_m}{\omega_m}s + 1} \tag{7-30}$$

活塞的位移 $X_p = L\sin r$，由于 r 很小，因此 $\sin r$ 近似等于 r，有 $X_p = Lr$，由拉普拉斯变换得出

$$\frac{r(s)}{X_p(s)} = \frac{1}{L} \tag{7-31}$$

伺服阀的传递函数为

$$W_{sv}(s) = \frac{X_V(s)}{I(s)} = \frac{K_{sv}}{\dfrac{s^2}{\omega_{mf}^2} + \dfrac{2\xi_{mf}}{\omega_{mf}}s + 1} = \frac{0.0144}{\dfrac{s^2}{282.6^2} + \dfrac{2\times0.6}{282.6}s + 1} \tag{7-32}$$

阀控液压缸的传递函数开环增益为

$$\frac{1}{A} = \frac{1}{8.77 \times 10^{-4}} = 0.114 \times 10^4 \left(\mathrm{m}^{-2} \right) \tag{7-33}$$

斜盘转动部分的转动惯量折算到活塞杆的质量与活塞质量之和为 20kg：

$$\omega_{\mathrm{h}} = \sqrt{\frac{4EA}{mL}} = \sqrt{\frac{4 \times 1.4 \times 10^9 \times 8.77 \times 10^{-4}}{20 \times 0.03}} = 2861(\mathrm{rad/s}) \tag{7-34}$$

缸的固有频率几乎是阀的十倍大，因此可以简化为一个比例环节，即

$$K = \frac{1}{A} = 1140 \left(\mathrm{m}^{-2} \right) \tag{7-35}$$

斜盘倾角的传递函数增益为

$$\frac{1}{L} = \frac{1}{0.134} = 7.46 \left(\mathrm{m}^{-1} \right) \tag{7-36}$$

液压马达的传递函数增益为

$$K_{\mathrm{p}} = \frac{250 \times 10^{-6}}{7} = 35.7 \times 10^{-6} \left(\mathrm{m}^3 / \mathrm{rad\ min} \right) \tag{7-37}$$

马达排量为

$$D_{\mathrm{m}} = 107 \times 10^{-6} / 6.28 = 17 \times 10^{-6} \left(\mathrm{m}^3 / \mathrm{rad} \right) \tag{7-38}$$

泵的排量为

$$D = 250 \times 10^{-6} / 6.28 = 39.8 \times 10^{-6} \left(\mathrm{m}^3 / \mathrm{rad} \right) \tag{7-39}$$

$$J = 5 \left(\mathrm{kg \cdot m^2} \right)$$

$$\omega_{\mathrm{m}} = \sqrt{\frac{\beta_{\mathrm{e}} D_{\mathrm{m}}^2}{V_{\mathrm{t}} J}} = \sqrt{\frac{7 \times 10^8 \times 17^2 \times 10^{-12}}{257 \times 10^{-6} \times 5}} = 10.6(\mathrm{rad/s}) \tag{7-40}$$

$$\frac{K_{\mathrm{p}} n_{\mathrm{p}}}{D_{\mathrm{m}} l} = \frac{35.7 \times 10^{-6} \times 1}{39.8 \times 10^{-6} \times 0.132} = 6.8 \tag{7-41}$$

阻尼比取 0.2：

$$\frac{\dot{\theta}_{\mathrm{m}}(s)}{Y(s)} = \frac{\dfrac{K_{\mathrm{p}} n_{\mathrm{p}}}{D_{\mathrm{m}} l}}{\dfrac{s^2}{\omega_{\mathrm{m}}^2} + \dfrac{2\xi_{\mathrm{m}}}{\omega_{\mathrm{m}}} s + 1} = \frac{6.8}{\dfrac{s^2}{10.6^2} + \dfrac{0.4}{10.6} s + 1} \tag{7-42}$$

泵控液压马达传递函数框图如图 7-30 所示。

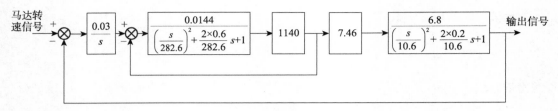

图 7-30　泵控液压马达传递函数框图

7.3.3　仿真分析

　　首先打开 MWORKS.Sysplorer，单击"快速新建"，使用默认的图形建模。首先选择 Integrator 一阶积分模块，如图 7-31 所示，将其拖至画布。

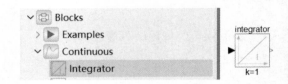

　　单击画布中的 Integrator 模块，在组件参数界面，更改参数"k"为 0.03，如图 7-32 所示。

图 7-31　Integrator 一阶积分模块

参数		
k	0.03	1
use_reset	☐	
use_set	☐	

图 7-32　一阶积分模块组件参数界面

　　选择 SecondOrder 二阶响应模块，如图 7-33 所示，将其拖至画布。

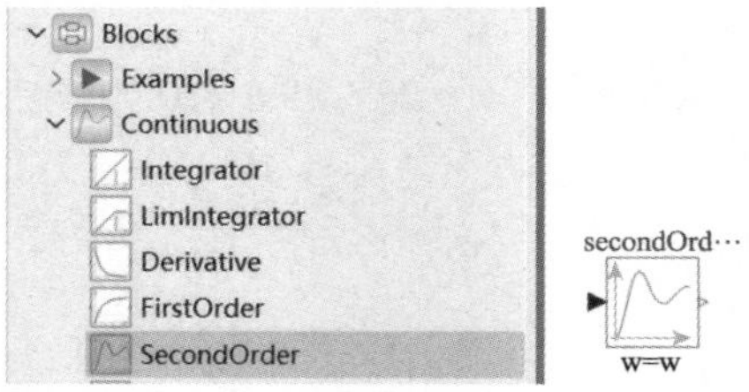

图 7-33　SecondOrder 二阶响应模块

　　先选择画布中的 SecondOrder 模块，在组件参数界面，更改参数"k"为 0.0144，"w"为 282.6，"D"为 0.6；再选择"SecondOrder1"模块，更改参数"k"为 6.8，"w"为 10.6，"D"为 0.2，如图 7-34 所示。

参数		
k	0.0144	1
w	282.6	
D	0.6	

参数		
k	6.8	1
w	10.6	
D	0.2	

图 7-34　SecondOrder 二阶响应模块组件参数

选择两个 Gain 增益模块，如图 7-35 所示。

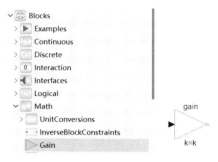

图 7-35　Gain 增益模块

分别单击 gain 和 gain1 模块，在组件参数界面将参数"k"分别改为 1140 和 7.46，如图 7-36 所示。

图 7-36　Gain 增益模块组件参数

选择两个 Feedback 反馈模块，如图 7-37 所示。

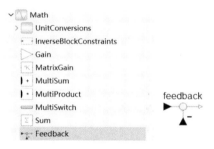

图 7-37　Feedback 反馈模块

添加 Step 阶跃信号源，如图 7-38 所示。

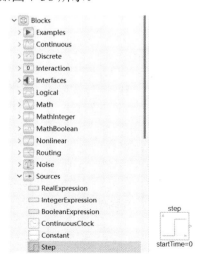

图 7-38　Step 阶跃信号源

将各模块连接起来，得到仿真模型，如图 7-39 所示。

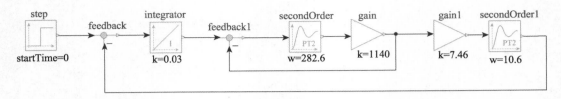

图 7-39　仿真模型

阶跃信号源"Step"参数选择 1。单击"仿真设置"，在"仿真设置"界面，"开始时间"设为 0，"终止时间"设为 10，"步数"设为 5000，如图 7-40 所示。

图 7-40　仿真设置

单击"确定"，再选择"仿真"，如图 7-41 所示。

图 7-41　选择"仿真"

仿真结束后，系统会自动跳转至"仿真结构"界面，如果没有，可手动在最上方的工具栏选项中单击"仿真"，如图 7-42 所示。

图 7-42　工具栏"仿真"界面

此时曲线窗口中没有图形，需要自主选择。选择在 Model733 的 secondOrder1 中输出 y，如图 7-43 所示。

此时曲线窗口中会出现输入 0.1 时的仿真曲线，如图 7-44 所示，纵坐标单位为 $1000r/min$。

图 7-43　仿真结果输出设置

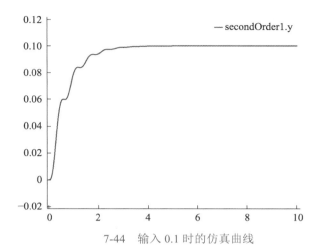

7-44　输入 0.1 时的仿真曲线

只改变输入信号为 0.02，得到的仿真曲线如图 7-45 所示。

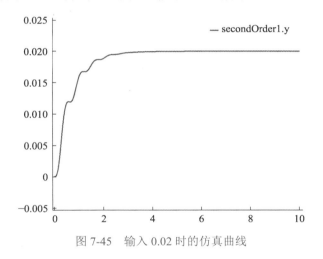

图 7-45　输入 0.02 时的仿真曲线

由仿真结果可知，系统上升的时间为 1.5s 左右，5.5s 以后系统达到稳态，没有振荡和超调环节，所以泵控液压马达系统是较为稳定的控制系统。若想得到期望转速，可在系统中加入 PID 控制，使系统在保证稳定性不变的基础上，响应速度得到较大提高。

7.4　四旋翼飞行器的高度控制

7.4.1　问题描述

四旋翼飞行器具有结构简单、使用灵活、易于操控、能够垂直起降、维护成本低的特点，被广泛应用于传统行业和军事领域。机体结构呈"十"字形或"×"字形，在水平方向上，由于力矩的相互作用，四旋翼飞行器反扭合力矩为零；在竖直方向上，螺旋桨产生升力，通过力和力矩来控制四旋翼飞行器在空中的飞行器姿态。对于螺旋桨的材料，可以选择有一定刚性的塑料来减轻机体重量，就算在飞行时不慎与墙面或其他物体发生碰撞，也不会产生较大的经济损失。

四旋翼飞行器是一个典型的非线性系统，而且四旋翼飞行器还具有强耦合特性，当其中任何一个状态量变化时，输出结果都会有很大变化，所以在实际飞行过程中不易控制，容易受到外界复杂环境干扰，这些都会使控制器设计难度增大。

四旋翼飞行器的结构如图 7-46 所示，本章接下来将以四旋翼飞行器为例，着重介绍四旋翼飞行器运动过程与高度控制的分析与建模。

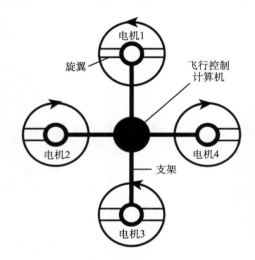

图 7-46　四旋翼飞行器的结构图

7.4.2　数学模型

四旋翼飞行器通过设计的控制器，结合传感器反馈的系统状态，改变飞行器四个旋翼螺旋桨的转速，从而改变自身运动状态，达到目标高度，其高度控制过程如图 7-47 所示。

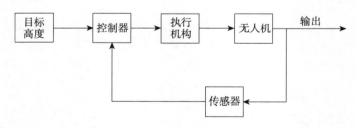

图 7-47　四旋翼飞行器高度控制过程图

要控制四旋翼飞行器的高度，首先要明确飞行器的运动过程。为了便于建立四旋翼飞行器的动力学模型，现提出以下三点假设。

假设一：四旋翼飞行器为质量均匀分布的刚体，且机体坐标系的原点与质心重合；

假设二：四旋翼飞行器的质量和转动惯量保持不变；

假设三：四旋翼飞行器只受重力、螺旋桨拉力和空气摩擦阻力作用，忽略其他阻力影响，螺旋桨拉力沿 Z 轴正方向，重力沿 Z 轴负方向，空气摩擦阻力沿速度反方向。

在四个旋翼的协同作用下，四旋翼飞行器可以实现垂直、滚转、俯仰、偏航运动。本案例只研究四旋翼飞行器的垂直运动。

同时等幅度增加或者减小四个螺旋桨的转速，当四个螺旋桨所提供的升力大于或小于机体总重力和空气阻力之和时，四旋翼飞行器可以实现垂直向上或向下运动。同时由于螺旋桨转速为等幅变化，四个螺旋桨产生的反扭矩正好相互抵消，可以保证飞行器航向稳定。

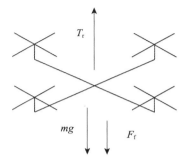

四旋翼飞行器的简易模型如图 7-48 所示。

假设 T_r 为四旋翼飞行器的总升力，T_1、T_2、T_3 和 T_4 分别为四旋翼各自产生的升力，并且

图 7-48　四旋翼飞行器的简易模型图

$$T_r = T_1 + T_2 + T_3 + T_4 = \sum_{i=1}^{4} T_i \tag{7-43}$$

式中，

$$T_i = K_F \omega_i^2, i = 1, 2, 3, 4 \tag{7-44}$$

$$F_f = fv \tag{7-45}$$

故

$$T_r = \sum_{i=1}^{4} K_F \omega_i^2 \tag{7-46}$$

式中，K_F 为螺旋桨升力系数；ω_i 为螺旋桨转速；f 为空气动力摩擦系数；v 为四旋翼飞行器运动速度。当四旋翼飞行器上升时，由动力学方程可知：

$$\sum_{i=1}^{4} K_F \omega_i^2 - mg - fv = ma \tag{7-47}$$

$$v = \frac{\mathrm{d}x}{\mathrm{d}t} = \dot{X} \tag{7-48}$$

$$a = \frac{\mathrm{d}^2 x}{\mathrm{d}t^2} = \ddot{X} \tag{7-49}$$

式中，X 为 Z 轴的位移距离。则可推出四旋翼飞行器的模型：

$$\ddot{X} = \frac{1}{m} \left(\sum_{i=1}^{4} K_F \omega_i^2 - mg - fv \right) \tag{7-50}$$

系统的微分方程为

$$m \frac{\mathrm{d}^2 x}{\mathrm{d}t^2} + f \frac{\mathrm{d}x}{\mathrm{d}t} + mg = \sum_{i=1}^{4} K_F \omega_i^2 \tag{7-51}$$

当四旋翼飞行器垂直运动时，每个螺旋桨转速相同，故式（7-52）可简化为

$$m \frac{\mathrm{d}^2 x}{\mathrm{d}t^2} + f \frac{\mathrm{d}x}{\mathrm{d}t} + mg = 4 K_F \omega^2 \tag{7-52}$$

式中，ω 为 4 个螺旋桨的相同转速。

将式（7-53）中最高次导数项的系数化为 1，可得

$$\frac{\mathrm{d}^2 x}{\mathrm{d}t^2} + \frac{f}{m}\frac{\mathrm{d}x}{\mathrm{d}t} = \frac{4K_F\omega^2 - mg}{m} \tag{7-53}$$

选择状态变量：

$$\begin{cases} u(t) = 4K_F\omega^2 - mg \\ x_1 = x \\ x_2 = \dfrac{\mathrm{d}x}{\mathrm{d}t} \\ \dot{x}_1 = x_2 \\ \dot{x}_2 = -\dfrac{f}{m}x_2 + \dfrac{1}{m}u(t) \end{cases} \tag{7-54}$$

则系统的状态矩阵为

$$\begin{bmatrix} \dot{x}_1 \\ \dot{x}_2 \end{bmatrix} = \begin{bmatrix} 0 & 1 \\ 0 & -\dfrac{f}{m} \end{bmatrix}\begin{bmatrix} x_1 \\ x_2 \end{bmatrix} + \begin{bmatrix} 0 \\ \dfrac{1}{m} \end{bmatrix}u \tag{7-55}$$

系统的结构如图 7-49 所示

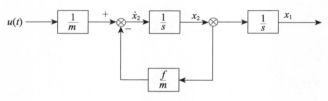

图 7-49　系统结构图

系统输出的位移 x 与系统的输入 u 有关，u 是关于 ω 的函数，故通过控制四旋翼螺旋桨的转速，可控制系统的运动高度。系统整体运动框图如图 7-50 所示。

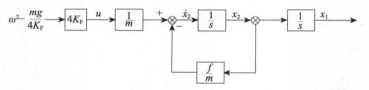

图 7-50　系统整体运动框图

若系统直接输出高度，则输出会不稳定，故加入 PID 控制器作为 Z 轴方向上的高度控制器。PID 基本原理如图 7-51 所示。

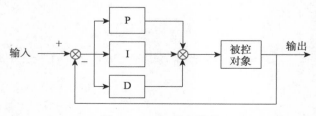

图 7-51　PID 基本原理

输出函数为

$$U(t) = K_P \left(\mathrm{err}(t) + \frac{1}{T_I} \int \mathrm{err}(t)\mathrm{d}t + \frac{T_D \mathrm{derr}(t)}{\mathrm{d}t} \right)$$ （7-56）

图 7-53 中 P 为比例控制，其原理如图 7-52 所示。

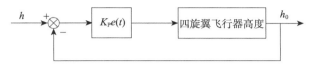

图 7-52　比例控制原理图

比例控制的每次调节量 $\Delta h = K_P e$ ，其中 $e = h - h_0$ 。

随着次数增加，误差减少，每次调节的上升量也逐渐减小，最终会接近目标高度 h ，但始终无法准确达到目标高度 h ，存在稳态误差。

若只加入比例控制，则四旋翼飞行器的高度控制结果不稳定，频繁上下加减速，出现振荡行为。此时须加入积分控制，积分控制对过去所有的误差求和，使四旋翼飞行器能够准确到达目标高度，控制原理如图 7-53 所示。

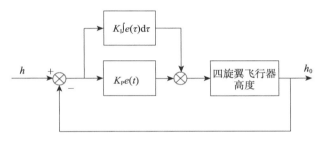

图 7-53　比例积分控制原理图

但该控制系统存在过大的超调量，四旋翼飞行器飞行不稳定，出现过冲现象，此时须加入微分控制。微分控制通过当前时刻与前一时刻误差量的差值，对未来进行预测。如果差值为正，就认为误差在逐渐增大，需要加大控制强度，使误差下降；如果误差为负，则认为误差在逐渐减小，可适当减小控制强度，让目标平稳缓和地到达指定值。此时控制原理图如图 7-54 所示。

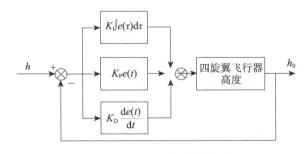

图 7-54　比例微分控制原理图

通过 PID 控制器，四旋翼飞行器的高度控制会稳定趋于某一特定高度。四旋翼飞行器系

201

统通过输入转速的变化来控制飞行器的飞行高度，利用高度 PID 控制器，使四旋翼飞行器运动过程相对稳定，平稳达到目标高度。

现代四旋翼飞行器系统并非直接利用螺旋桨转速控制飞行器的飞行高度，而通过多个执行机构与惯性导航系统相结合，利用电机混合算法，不断修正螺旋桨转速，最终达到目标高度，其控制过程可简化为图 7-55 所示。

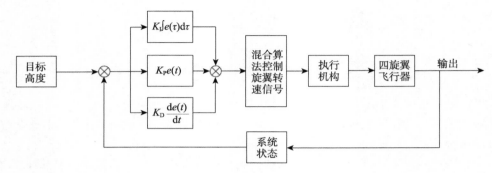

图 7-55　四旋翼飞行器高度控制过程简化图

7.4.3　仿真分析

先后建立四旋翼飞行器的运动过程模型和 PID 高度控制模型，最后将二者结合为一个模型，仿真出飞行器飞行过程中的高度变化情况。建模中部分物理参数如表 7-4 所示。

表 7-4　四旋翼飞行器部分物理参数

名称	数值	单位
重力加速度（g）	9.81	m/s^2
飞行器质量（m）	0.375	kg
螺旋桨推力系数	1.9×10^{-6}	

先建立运动过程模型，首先在 MWORKS.Sysplorer 中新建一个模型，使用默认的图形建模工具，如图 7-56 所示。

图 7-56　图形建模工具栏

所用的基础模块包括求和模块、反馈模块、积分模块和增益模块。求和模块和反馈模块属于 Blocks-Math，如图 7-57 所示。积分模块属于 Blocks-Continuous，如图 7-58 所示。

输入信号和输出信号分别选择 RealInput 和 RealOutput 模块，属于 Blocks-Interfaces 模块，如图 7-59 所示。

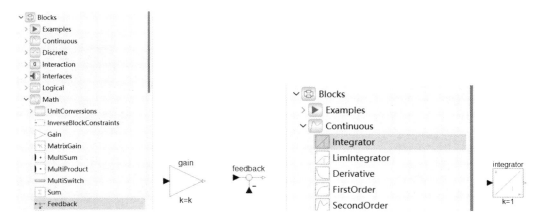

图 7-57　增益模块和反馈模块　　　　　　　　　图 7-58　积分模块

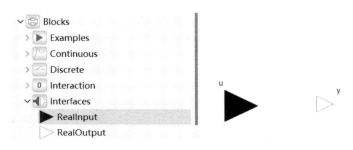

图 7-59　输入模块和输出模块

所有模块的参数均可在组件参数界面修改。其中，增益模块的组件参数修改界面如图 7-60 所示。

图 7-60　增益模块的组件参数修改界面

修改"k"值即可改变增益的大小。选择合适的参数，最终构建的模型如图 7-61 所示。

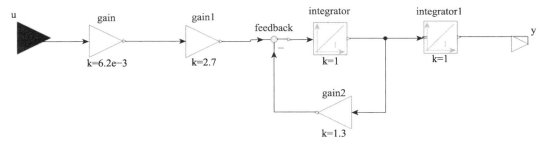

图 7-61　运动仿真模型

最后选择"另存为"，并命名为 sport，如图 7-62 所示。

现在建立高度 PID 控制模型，所用的基础模块包括增益模块、积分模块、微分模块、反馈模块和求和模块。微分模块与积分模块同属于 Blocks-Continuous，如图 7-63 所示。

图 7-62　运动模型保存　　　　　　　　图 7-63　微分模块

选择阶跃信号源，最终建立的模型如图 7-64 所示。

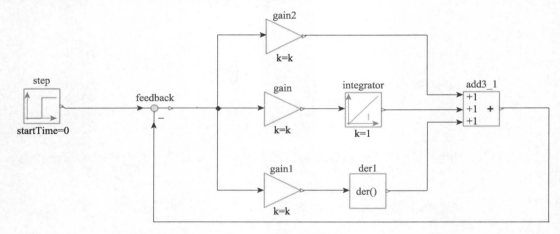

图 7-64　PID 仿真模型

最后选择另存为 PID。

将运动模型与 PID 高度控制模型相结合。打开上述建立好的两个模型，在"用户模型"界面可选择已打开的模型，如图 7-65 所示。

选择 PID 界面，将螺旋桨转速算法简化成增益模块，在 PID 模块输出处增加增益模块，目的是作为 sport1 模块的输入信号。在"用户模型"界面拖拽 sport1 模块至 PID 模块的画布界面，如图 7-66 所示。

图 7-65　用户模型界面　　　　　　　　图 7-66　sport1 模块

将二者连接，将 PID 模块的输出信号作为 sport1 模块的输入信号，得到的四旋翼高度控制仿真模型如图 7-67 所示。

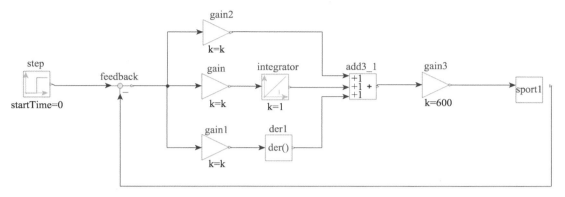

图 7-67　四旋翼高度控制仿真模型

仿真过程中主要通过调节 PID 高度控制中的比例系数、积分系数和微分系数来分析飞行器的高度变化。

输入目标高度为 5m，比例系数 K_P 为 0.25，积分系数 K_I 为 0.2，微分系数 K_D 为 0.005。在"仿真设置"选项中，设置仿真时间、步长、精度等参数，如图 7-68 所示。

最后选择"运行仿真"，选择 sport 中的输出 y，如图 7-69 所示。

图 7-68　仿真设置

图 7-69　仿真输出设置

最后得到输出曲线，如图 7-70 所示。

从图中可看出，飞行器在飞行过程中出现明显的过冲现象，需要调节参数，使飞行器稳定上升至目标高度。

继续调节参数，使 K_P 为 0.2，K_I 为 0，K_D 为 0.12，仿真结果如图 7-71 所示。

观察此时的输出曲线可得，飞行器在上升过程中相对平稳，且没有过冲现象，最后能以极小的稳态误差保持在 5m 的目标高度。

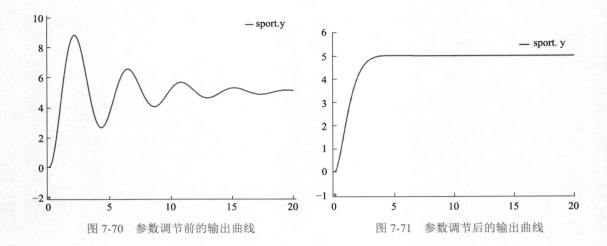

图 7-70　参数调节前的输出曲线　　　　图 7-71　参数调节后的输出曲线

本 章 小 结

　　本章介绍了机械、液压、机器人等控制学科的实际科研应用案例，并通过 MWORKS 这一平台展示了这些领域的应用价值，阐述了这些领域中存在的挑战和问题，例如实际应用中的需求变化、技术难点和商业挑战等。为了解决这些问题，我们概括了已有的解决方案和方法，并分析了其优缺点。最后，我们提出了未来可能的研究方向和问题，为读者提供参考。

　　使用 MWORKS 提供的功能和工具，完成了实际控制系统应用的仿真，包括数学推导、模型建立、仿真设置和仿真分析等流程，帮助读者掌握相关的工具和方法，并将其应用于解决实际问题中。